Fouad Soliman
Karima Mahmoud

Tecnologias optoelectrónicas para a saúde humana, a segurança e o luxo

Fouad Soliman
Karima Mahmoud

Tecnologias optoelectrónicas para a saúde humana, a segurança e o luxo

ScienciaScripts

Imprint

Any brand names and product names mentioned in this book are subject to trademark, brand or patent protection and are trademarks or registered trademarks of their respective holders. The use of brand names, product names, common names, trade names, product descriptions etc. even without a particular marking in this work is in no way to be construed to mean that such names may be regarded as unrestricted in respect of trademark and brand protection legislation and could thus be used by anyone.

Cover image: www.ingimage.com

This book is a translation from the original published under ISBN 978-620-8-41573-0.

Publisher:
Sciencia Scripts
is a trademark of
Dodo Books Indian Ocean Ltd. and OmniScriptum S.R.L publishing group

120 High Road, East Finchley, London, N2 9ED, United Kingdom
Str. Armeneasca 28/1, office 1, Chisinau MD-2012, Republic of Moldova, Europe
Managing Directors: Ieva Konstantinova, Victoria Ursu
info@omniscriptum.com

Printed at: see last page
ISBN: 978-620-3-32642-0

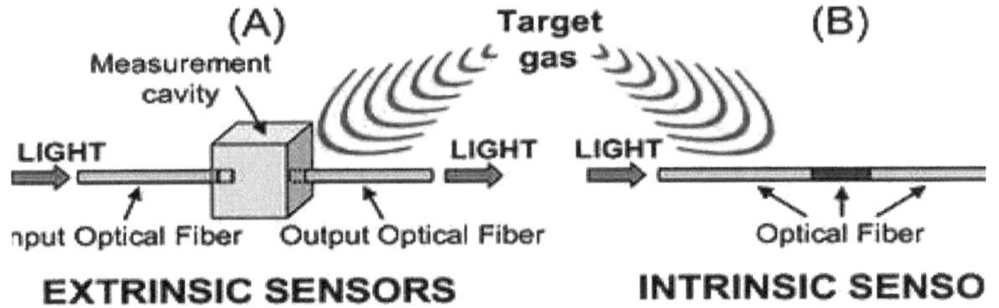

Tecnologias optoelectrónicas para a saúde humana, a segurança e o luxo

Por

Fouad A. S. Soliman Mahmoud

Karima A.

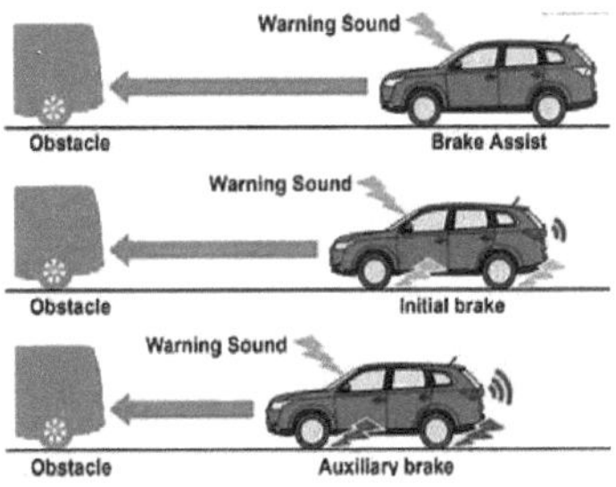

dezembro de 2024

Sobre os autores

Dr. Eng. Fouad A. S. Soliman

**Prof. de Engenharia Eletrónica e de Computadores,
Nuclear Materials Authority, Cairo, Egito.**

Membro do Conselho Editorial de:

- **Progress in Photovoltaic, "Research and Applications", John Wiley and Sons, Reino Unido, desde 1993,**
- **Periódicos da Associação para o Avanço das Técnicas de Modelação e Simulação, AMSE, Lune, França,**
- **Revista Internacional de Ciência da Computação e Aplicações de Engenharia (IJCSEA).**

Membro de:

- **Associação Americana para o Avanço das Ciências, N.Y., E.U.A,**
- **Academia de Ciências de Nova Iorque, Nova Iorque, E.U.A.**

Escolhido para:

- **Who's Who in the World, A.N. Marquis, N.J., U. S. A.**
- **Outstanding People of the $20th Century$, International Biographical Center de Cambridge, Inglaterra.**

Ensino nas universidades

- **Ensino dos estudantes de pós-graduação nas universidades egípcias.**

Publicações e supervisão de M.Sc. e Ph.D.
Artigos e teses supervisionadas
- **Cerca de 200**

Livros:

[1]. Fouad A. S. Soliman, **"A Novel Look on the world of Nanotechnology**
para hoje e para o futuro", Livro publicado, Lambert Academic Publishing, Omni- Scriptum GmbH and Co. KG, fevereiro de 2016, ISBN: 978-3-659-83496-7.

[2]. F. A. S. Soliman, **"Energy and the Future of Civilizations",** publicado em
Livro, Lambert Academic Publishing, Omni-Scriptum GmbH and Co.

KG, abril de 2016.
ISBN: 978-3-659-88129-9.

[3].   F. A. S. Soliman, **"Characterization, Simulation, Applications, Deployment and Economics of Solar Energy"**, Lambert Academic
Publishing, LAP, Saarbrücken, Alemanha, maio de 2016.
ISBN: 978-3-659-89387-2.

[4].   Fouad A. S. Soliman **e Hoda A. Ashry, "Role of the Nuclear A tecnologia na vida quotidiana do homem",** Livro publicado, Lambert
Publicação académica, Omni-Scriptum, GmbH and Co. KG, maio de 2016.
ISBN: 978-3-659-90461-5.

[5].   Fouad A. S. Soliman, **Safaa M. R. El-ghanam e Ashraf M. Abdel-Maksoud, "Impact of Outer Space Environment on Electronic Devices and Systems",** Livro publicado, Lambert Academic Publishing,
Omni-Scriptum GmbH e Co. KG, julho de 2016.
ISBN: 978-3-659-93044-7

[6].   **H. A. Ashry,** Fouad A. S. Soliman **e S. A. Kamh, "Nuclear Techno-logia: Geração Futura, Proteção e Monitorização", Publicado Livro, Lambert Academic Publishing, Omni-Scriptum GmbH e Co. KG, agosto de 2016.**
ISBN: 978-3-659-93921-1

[7].   Fouad. A.S. Soliman, **"Agriculture in Remote Areas Based on Solar Energia", Livro Publicado,** Lambert Academic Publishing, Omni-Scriptum GmbH & Co. KG, setembro de 2016.
ISBN: 978-3-659-95267-8

[8].   Fouad A. S. Soliman, **"Solar-Wind Hybrid Renewable Energy for Agricultura Sustentável",** Livro Publicado, Lambert Academic Publishing, Omni- Scriptum GmbH and Co. KG, outubro de 2016, Número: 145917
ISBN: 978-3-659-96384-1

[9].   Fouad A. S. Soliman, **"High Voltage Transmission Lines: Importance, Maintenance and Risks",** Livro Publicado, Lambert Academic Publi-shing, Omni- Scriptum GmbH e Co. KG, novembro de 2016, Número:147937,

ISBN: 978-3-330-00309-5.

[10].   **Hoda A. Ashry e** Fouad A. S. Soliman, **Nuclear Analytical Techni-**
   ques e Ciências Modernas, Livro Publicado, Lambert Academic
   Publishing, Omni- Scriptum, GmbH and Co. KG, dezembro, 2016, No:
   149558,
   ISBN: 978-3-330-01772-6.

[11].   Fouad A. S. Soliman, **Energia: História, Definições, Formas, Transformações.**
   formação e aplicações, Livro Publicado, Lambert Academic
   Publishing, Omni- Scriptum, GmbH and Co. KG, janeiro de 2017.
   ISBN: 978-3-330-02939-2.

[12].   Fouad A. S. Soliman, **All About Nuclear Materials, Livro Publicado,**
   Lambert Academic Publishing, Omni- Scriptum GmbH e Co. KG,
   2017. ID do projeto (150859)
   ISBN:978-3-330-03643-7.

[13].   Fouad A. S. Soliman **e Hoda A. Ashry, Focus on the Treasures of**
   A Terra, Livro Publicado, Lambert Academic Publishing, Omni-
   Scriptum GmbH and Co. KG, fevereiro de 2017.
   ISBN: 978-3-659-85407-1.

[14].   Fouad A. S. Soliman, **Geothermal Energy Technology,** Publicado em
   Livro, Lambert Academic Publishing, Omni-Scriptum GmbH and Co,
   KG., maio de 2017.
   ISBN: 978-3-330-31808-3.

[15].   Fouad A. S. Soliman, **Marine Power Technology and Future of**
   Energia, Livro publicado, Lambert Academic Publishing, Omni-
   Scriptum
   GmbH and Co. KG, junho de 2017.
   ISBN: 978-3-330-32467-1.

[16]. Fouad A. S. Soliman **e Hoda A. Ashry, Atomic Batteries: the Easy**
   Energia para o futuro", Livro publicado, Lambert Academic
   Publishing, Omni-Scriptum. GmbH and Co. KG, julho de 2017.
   ISBN:978-3-330-35308-4.

[17].   Fouad A. S. Soliman **e Hoda A. Ashry, Evolution of Synchrotron**
   A radiação e a sua importância", Livro publicado, Lambert
   Academic

Publishing, Omni-Scriptum GmbH and Co. KG, agosto de 2017.
ISBN: 978-620-2-01385-7

[18]. Fouad A. S. Soliman, "Mechatronics: Multidisciplinary Engenharia", Livro Publicado, Lambert Academic Publishing, Omni-
Scriptum, GmbH e Co. KG, agosto de 2017.
ISBN: 978-620-0-43740-2.

[19]. Fouad A. S. Solimna **e Hoda A. Ashry, "Gold and Silver Recovery from Electronic Waste", Recuperação de ouro e prata de resíduos electrónicos Resíduos",** Livro publicado Lambert Academic Publishing, Omni-Scriptum
GmbH and Co. KG, Set. 2017.
ISBN: 978-620-2-04988-7.

[20]. Fouad A. S. Soliman, **Amira A El-laboudi, e Manal Mahdi, "Colheita de energia e necessidades humanas futuras",** Livro publicado,
Lambert Academic Publishing, Omni-Scriptum GmbH e Co. KG, novembro de 2017.
ISBN: 978-620-2-07981-5.

[21]. Hoda A. Ashry e Fouad A. S. Soliman, **"World of Neurons",** Livro publicado, Lambert Academic Publishing, Omni- Scriptum GmbH
and Co. KG, janeiro de 2018.
ISBN: 978-613-4-97714-2.

[22]. Fouad A. S. Soliman, **"Role of Engineering in Therapy",** publicado em
Livro Lambert Academic Publishing, Omni- Scriptum GmbH and Co.
KG, abril de 2018.
ISBN: 978-613-9-58735-3.

[23]. Fouad A. S. Soliman, **"New Trends in Exploring Earth Treasures" [Novas Tendências na Exploração dos Tesouros da Terra],**
Livro publicado, Lambert Academic Publishing, Omni- Scriptum GmbH
Co. KG, Nov. 2019.
ISBN: 978-620-0-46469-9.

[24]. Fouad A. S. Soliman, **"Energy: Resources, Derivative, Sustainability and Development",** Livro publicado Lambert Academic Publishing,

Omni-Scriptum GmbH e Co. KG, dezembro de 2019.

[25]. Fouad A. S. Soliman e Hamed I. E. Mira, "Nuclear Power:
História, materiais, economia e futuro", Livro publicado
Lambert
Publicação académica, Omni-Scriptum GmbH & Co. KG, janeiro
de 2020.
ISBN: 978-620-0-46407-1.

[26]. Fouad A. S. Soliman, "Renewable Energy and the Future of
Human
Vida", Livro publicado. Lambert Academic Publishing. Omni-
Scriptum
GmbH e Co.KG, fevereiro de 2020.
ISBN: 978-620-0-53632-7.

[27]. Fouad A. S. Soliman, Safaa M. R. El-ghanam, e Ashraf M.
Abdel-
maksoud, "Impacto ambiental da indústria energética",
Livro publicado Lambert Academic Publishing, Omni-Scriptum
GmbH
and Co. KG, fevereiro de 2020.
ISBN: 978-620-0-57165-6.

[28]. Fouad A. S. Soliman e Amira Abdel-Magid, "Projections,
Develo-
pamentos e explorações de recursos energéticos renováveis"
Livro publicado, Lambert Academic Publishing, Omni-Scriptum
GmbH
and Co. KG, março de 2020.
ISBN: 978-620-065158-7.

[29]. Fouad A. A. Soliman, e Wafaa Abd El-Basit, "Smart
Photovoltaic
As tecnologias e o futuro da energia", livro publicado, Lambert
Publicação académica, Omni-Scriptum GmbH e Co. KG, março
de 2020.
ISBN: 978-620-251267-1.

[30]. Fouad A. S. Soliman, e Sanaa A. Kamh", Open Source
Hardware
Tecnologia, Livro Publicado, Lambert Academic Publishing,
Omni-
Scriptum GmbH and Co. KG, abril de 2020.
ISBN: 978-620-2-51639-6.

[31]. Fouad A. S. Soliman, "Renewable Energy Technologies for Salt
Water
Dessalinização", Livro Publicado, Lambert Academic Publishing,
Omni-

Scriptum GmbH and Co. KG, maio de 2020.
ISBN: 978-620-2-52159-8.

[32]. Fouad A. S. Soliman, " New Trends in Renewable Energy for
Humanity Benefits", Livro publicado, Lambert Academic
Publishing,
Omni-Scriptum GmbH e Co. KG, maio de 2020.
ISBN: 978-620-2-51887-1.

[33]. Fouad A. S. Soliman, e Ashraf M. Abdel-maksoud, "Energy
Armazenamento, Transmissão e Monitorização", Livro
Publicado, Lambert
Publicação académica, Omni-Scriptum GmbH e Co. KG, maio de
2020.
ISBN: 978-6213-94971-2

[34]. Fouad S. S. Soliman, "Climate Effects on PV-Systems and their
Manutenção e Reciclagem", Livro Publicado, Lambert Academic
Publicação, Omni-Scriptum GmbH e Co. KG, junho de 2020.
ISBN: 978-620-2-56451-9.

[35]. Fouad A. S. Soliman e Hamed I. E. Mira, "Drones: The Future
of
Veículos Aéreos Não Tripulados", Livro publicado Lambert
Academic Publi-
shing, Omni-Scriptum GmbH e Co. KG, junho de 2020.
ISBN: 978-620-2-66811-8.

[36]. Fouad A. S. Soliman, "Airborne Geophysical & Remote
Sensing
Based on DroneAircrafts", Livro publicado, Lambert Academic
Publicação, Omni-Scriptum GmbH e Co. KG, julho de 2020.
ISBN: 978-620-2-67331-0.

[37]. Fouad A. S. Soliman e Hamed I. E. Mira, "UXO
Environmental
Impacto, deteção e desminagem", Livro publicado Lambert
Academic
Publicação, Omni-Scriptum GmbH e Co. KG, julho de 2020.
ISBN: 978-620-2-67862-9.

[38]. Fouad A. S. Soliman, e Safaa M. El-ghanam "The World of
Tecnologias de energias renováveis", Livro publicado, Lambert
Academic
Publicação, Omni-Scriptum GmbH e Co. KG, agosto de 2020.
ISBN: 978-620-2-68432-3.

[39]. Fouad A. S. Soliman, e Ashraf M. Abedel-maksoud",
Tecnologias
of Stand-Alone and Distributed Energy Systems", Livro
publicado,

Lambert Academic Publishing, Omni-Scriptum GmbH e Co. KG, setembro de 2020.
ISBN: 978-620-0-50455-6.

[40]. Fouad A. S. Soliman, **"A Novel and Efficient Aerial Techniques for Deteção de UXO"**, Livro publicado, Lambert Academic Publishing, Omni-Scriptum GmbH and Co. KG, setembro de 2020.
ISBN: 978-620-2-79934-8

[41]. Fouad A. S. Soliman, e **Ashraf M. Abedel-maksoud, "Technology and Future of Nano-fluids"**, Livro publicado, Lambert Academic Publicação, Omni-Scriptum GmbH e Co. KG, setembro de 2020.
ISBN: 978-620-2-80132-4.

[42]. Fouad A. S. Soliman, e **Safaa M. El-ghanam,** "New Trends in the Produção, conversão, transmissão e armazenamento de energia", **Livro publicado, Lambert Academic Publishing, Omni-Scriptum GmbH e Co. KG, outubro de 2020.**
ISBN: 978-620-2-80878-1.

[43]. Fouad A. S. Soliman, **"Remote Monitoring, Net Metering, Fault Deteção e Manutenção Preditiva de Sistemas Eléctricos de Potência.** Livro publicado, Lambert Academic Publishing, Omni-Scriptum GmbH and Co. KG, outubro de 2020.
ISBN: 978-3-330-06474-4.

[44]. Fouad A. S. Soliman, **A. A. Abu Talib e Doaa H. Hanafy, "PV Shockley-Queasier, Maximum Power, Green Houses e Rooftop Estações",** Livro Publicado, Lambert Academic Publishing, Omni-Scriptum GmbH e Co. KG, outubro de 2020.
ISBN: 978-620-2.92085-8.

[45]. Fouad A. S. Soliman, **Wafaa A. Zekri, Soha Abel-Azim, Environ-Impacto mental da produção, transporte e distribuição de eletricidade Indústria",** Livro Publicado, Lambert Academic Publishing, Omni-Scriptum GmbH and Co. KG, novembro de 2020.
ISBN: 978-620-3-02581-1.

[46]. Fouad A. S. Soliman, e **Safaa R. El-ghanam, "Future Energy**

DevelopMent", Livro Publicado, Lambert Academic Publishing, Omni-
Scriptum GmbH and Co. KG, novembro de 2020.
ISBN: 978-620-3-041132.

[47]. Fouad A. S. Soliman e Hamed I. E. Mira, "For More Efficient Aplicações da energia solar", Livro publicado Lambert Academic Publicação, Omni-Scriptum GmbH e Co. KG, dezembro de 2020.
ISBN: 978-620-801002.

[48]. Fouad A. S. Soliman, e Sanaa A. Kamh, "New Trends in Micro- and
Hybrid-Energy Grids", Livro publicado, Lambert Academic Publishing,
Omni-Scriptum. GmbH and Co. KG, dezembro de 2020.
ISBN: 978-620-2-92022-3.

[49]. Fouad A. S. Soliman, "Trends in Renewable Energy Resources Grid
ding", Livro publicado Lambert Academic Publishing, Omni-Scriptum
GmbH e Co. KG, janeiro de 2021.
ISBN: 978-620-3-30339-1.

[50]. Fouad A. S. Soliman, e Wafaa Abdel Basit Zekri, "Gridding of Sistemas inteligentes de energia solar", Livro publicado, Lambert Academic
Publishing, Omni-Scriptum, GmbH and Co., K.G. março de 2021.
ISBN: 978-620-3-46312-5.

[51]. Fouad A. S. Soliman e Safaa R. El-ghanam, "New Trends in hoto-
Voltaic System", Livro publicado, Lambert Academic Publishing, Omni-Scriptum GmbH and Co., K.G., dezembro de 2020.
ISBN: 978-620-3-47075-8.

[52]. Fouad A. S. Soliman, "Automatic Monitoring of PV-Systems',
Livro publicado Lambert Academic Publishing, Omni-Scriptum GmbH
e Co. KG, setembro de 2021.
ISBN: 978-620-3-58196-6.

[53]. Fouad A. S. Soliman, e Ashraf M. Abedel-maksoud, "Marine Power: O Futuro das Energias Renováveis, Livro Publicado, Lambert
Publicação académica, Omni-Scriptum GmbH and Co. KG, novembro,
2021.
ISBN: 978-620-4-71792-0163.

[54]. Fouad A. S. Soliman, "Carbon Capture and Sequestration", publicado em
Livro Lambert Academic Publishing, Omni-Scriptum GmbH e Co. KG,
novembro de 2021.
ISBN: 978-620-4-72561-1163.

[55]. Fouad A. S. Soliman, e Hoda A. Ashry, "Role of Electronics and
Informática em medicina energética", Livro publicado Lambert
Publicação académica, Omni-Scriptum GmbH and Co. KG, Nov. 2021.
ISBN: 978-620-4-727387.

[56]. Fouad A. S. Soliman, e Nehal Abou-el fotoh Ali, "Future Challenges
de Eletrónica baseada em Piezoeléctricos "Livro publicado Lambert Academic
Publicação Omni-Scriptum GmbH and Co. KG, dezembro de 2021.
ISBN: 978-620-4-70844.

[57]. Fouad A. S. Soliman, Ayman H. Shanash e Nehal Abou-el fotoh
Ali, "Sustainale Energy for Human Safety and Luxury", publicado
Livro Lambert Academic Publishing, Omni-Scriptum GmbH and Co.
KG, janeiro de 2022.
ISBN: 978-620-4-73029-1163.

[58]. Fouad A. S. Soliman, e Nehal Abou-el fotoh Ali, "World of Osmo-
Tic Phenomenon", Livro publicado Lambert Academic Publishing,
Omni-Scriptum GmbH & Co. KG, janeiro de 2021.
ISBN: 978-620-4-73327-2164.

[59]. Fouad A. S. Soliman, Ayman H. Shanash & Nehal Abou-el fotoh Ali,
"Uma visão profunda do futuro da energia", livro publicado Lambert
Publicação académica, Omni-Scriptum GmbH and Co. KG, Jan. 2022.
ISBN: 978-620-4-73472-9164.

[60]. Fouad A. S. Soliman, Ayman H. Shanash e Nehal Abou-el fotoh Ali,
"Transição dos combustíveis fósseis para as energias renováveis", publicado

Livro Lambert Academic. Publishing, Omni-Scriptum GmbH and Co.

KG, fevereiro de 2022.

ISBN: 978-620-4-74114-7164.

[61]. **Fouad A. S. Soliman, Ayman H. Shanash e Nehal Abou-el fotoh Ali, "Ocean Thermal Energy Conversion",** livro publicado Lambert

Publicação académica, Omni-Scriptum GmbH and Co. KG, Fev. 2022.

ISBN: 978-620-4-74278-61.

[62]. **Fouad A. S. Soliman, Ayman H. Shanash e Nehal Abou-el fotoh Ali, "The Rapid Movement towards Clean Green World" (O movimento rápido para um mundo verde e limpo),** publicado

Livro Lambert Academic. Publishing, Omni-Scriptum GmbH and Co.

KG, fevereiro de 2022.

ISBN: 9786-204-745 183.

[63]. **Fouad A. S. Soliman, Ayman H. Shanash e Nehal Abou-el fotoh Ali, "Engenharia de sistemas de energia renovável",** Livro publicado

Lambert Academic Publishing, Omni-Scriptum GmbH e Co. KG, fevereiro de 2022.

ISBN: 978-620-4-74716-3.

[64]. **Fouad A. S. Soliman, Ayman H. Shanash e Nehal Abou-el fotoh Ali, "De A a Z sobre as energias renováveis",** livro publicado Lambert Academic Publishing, Omni-Scriptum GmbH e Co. KG, março de 2022.

ISBN: 9786-202-053099.

[65]. **Fouad A. S. Soliman,** Hamed I. E. Mira e Nehal Abou-el fotoh Ali, **"Passos no caminho do futuro e da conservação da energia",** publicado

Livro Lambert Academic Publishing, Omni-Scriptum GmbH and Co.

KG, março de 2022.

ISBN: 9786-139-448388.

[66]. **Fouad A. S. Soliman,** Nehal Abou-el fotoh Ali & Karima A. Mahmoud,

"Engenharia e conforto na vida inteligente", Livro publicado Lambert

Publicação académica, Omni-Scriptum GmbH and Co. KG, março de 2022.

ISBN: 978-620-0-24999-91.

[67]. **Fouad A. S. Soliman,** Hoda A. Ashry e Nehal Abou-el fotoh Ali,

"World of Fuel Cells", Livro publicado Lambert Academic Publishing,

Omni-Scriptum GmbH e Co. KG, abril de 2022.

ISBN: 978-620-4-74855-91.

[68]. Fouad A. S. Soliman, Nehal Abou-el fotoh Ali e Wafaa A. Zekri, **"Engenharia de Sistemas Fotovoltaicos"**, Livro publicado Lambert

Publicação académica, Omni-Scriptum GmbH and Co. KG, abril de 2022.

ISBN: 978-620-4-74893-11.

[69]. Fouad A. S. Soliman, Amira A. Abo-talib e Doaa H. Hanafy, **"Papel da Engenharia Eletrónica nas Ciências Automóvel e Mecânica**

ence", Livro publicado Lambert Academic Publishing, Omni-Scriptum,

GmbH e Co. KG, maio de 2022.

ISBN: 978-620-4-75130-61.

[70]. Fouad A. S. Soliman, Nihal Abou-alfotoh Ali," **Nano-fiber: O Futuro**

of Materials", publicado no livro Lambert Academic Publishing, Omni-Scriptum, GmbH e Co. KG, maio de 2022.

ISBN: 978-620-4-95505-616.

[71]. Fouad A. S. Soliman, Sanaa A. Kamh e Doaa H. Hanafy", **The Brilliant**

O futuro do lítio no armazenamento de energia", Livro publicado Lambert

Publicação académica, Omni-Scriptum, GmbH and Co. KG, maio de 2022.

ISBN: 978-620-4-98014-0165519.

[72]. Fouad A. S. Soliman, e Hamed I. E. Mira, **"Stereo Microscope: the**

Nano-Imaging Tool of Future", Livro publicado Lambert Academic

Publicação, Omni-Scriptum, GmbH e Co. KG, maio de 2022.

ISBN: 978-620-5489-406.

[73]. Fouad A. S. Soliman, Amira A. Abo-talib El-laboudi e Karima A. Mahmoud, **"Futuro das tecnologias híbridas de energia"**, Livro publicado

Lambert Academic Publishing, Omni-Scriptum, GmbH e Co. KG, maio de 2022.

ISBN: 978-620-5489-406.

[74]. Fouad A. S. Soliman, Wafaa Abdel-basit Zekri e Karima A. Mahmoud,

"O futuro brilhante da imagem digital", livro publicado Lambert

Publicação académica, Omni-Scriptum, GmbH and Co. KG, agosto de 2022.

ISBN: 978-6205-4956-12.

[75].   Fouad A. S. Soliman, **"Future of Interdisciplinary Sciences"**, publicado em

Livro Lambert Academic Publishing, Omni-Scriptum, GmbH and Co. KG,

outubro de 2022.

ISBN: 978-620-5-50245-71.

[76].   Fouad A. S. Soliman **e Karima A. Mahmoud, "Fewer Losses on Geração de energia renovável e aplicações",** Livro publicado Lambert Academic Publishing, Omni-Scriptum, GmbH e Co. KG, outubro de 2022.

ISBN: 978-620-4-980669.

[77].   Fouad A. S. Soliman, **Amira Abou-talib El-laboudi e Doaa H. Hassan, "Food Energy",** Livro publicado, Lambert Academic Publicação, Omni-Scriptum, GmbH e Co. KG, outubro de 2022.

ISBN: 978-620-5-50995-116.

[78].   Fouad A. S. Soliman, **Wafaa Abdel-basit Zekri & Karima A. Mahmoud," O Mundo Brilhante do Grafeno",** Livro Publicado Lambert Academic Publishing, Omi-Scriptum, GmbH e Co. KG, outubro de 2022.

ISBN: 978-620-5-51599-016.

[79].   Fouad A. S. Soliman, **Amira A. Abo-talib & Doaa H. Hanafy," Wind as**

 a Mainstream Renewable Power", Livro publicado Lambert

Publicação académica, Omni-Scriptum, GmbH and Co. KG, outubro de 2022.

ISBN: 978-620-5-52588-316.4

[80].   Fouad A. S. Soliman, **e Karima A. Mahmoud, "**Unmanned Aerial Aplicações e desenvolvimento de veículos para pesos de poucos gramas",

Livro publicado Lambert Academic Publishing, Omni-Scriptum, GmbH

and Co. KG, outubro de 2022.

ISBN: 978-620-4-980669.

[81].   Fouad A. S. Soliman, **e Karima A. Mahmoud, "**The Benefits of O plástico e os seus perigos iminentes para a humanidade**".** Livro publicado

Lambert Academic Publishing, Omni-Scriptum, GmbH and Co. KG, Out.

2022.
ISBN: 978-620-5622472.

[82]. Fouad A. S. Soliman, e Karima A. Mahmoud, "Advanced
Tecnologias para prospeção e mineração de ouro", Livro publicado
Lambert Academic Publishing, Omni-Scriptum, GmbH e Co. KG, fevereiro de 2023.
ISBN: 978-620-6142263.

[83]. Fouad A. S. Soliman, e Karima A. Mahmoud, "Neuro-linguistic
Programing", Livro publicado Lambert Academic Publishing, Omni-
Scriptum, GmbH e Co. KG, março de 2023.
ISBN: 978-620-14432.

[84]. Fouad A. S. Soliman, e Karima A. Mahmoud, "Future Techniques
In Mind Mapping", publicado no livro Lambert Academic Publishing,
Omni-Scriptum, GmbH, and Co. KG, março de 2023.
ISBN: 978-6206-147640.

[85]. Fouad A. S. Soliman, e Hamid I. E. Mira, "Copper for Bright
O futuro das energias renováveis", Livro publicado Lambert Academic
Publicação, Omni-Scriptum, GmbH
e Co. KG, março de 2023.
ISBN: 978-6206-142263.

[86]. Fouad A. S. Soliman, Amira A. Abo-talib e Doaa H. Hanafy,
Renewable Energy the Power of World by 2050", Livro publicado
Lambert Academic Publishing, Omni-Scriptum, GmbH e Co. KG, março de 2023. abril de 2023.
ISBN: 978-6206-153573.

[87]. Fouad A. S. Soliman e Karima A. Mahmoud, Global Energy
Interligação e prática" Livro publicado Lambert Academic
Publicação Omni-Scriptum, GmbH e Co. KG. abril de 2023.
ISBN: 978-6206-153573.

[88]. Fouad A. S. Soliman, Hamid I. E. Mira e Karima A. Mahmoud,
"Uma visão do mundo da tecnologia da energia eólica".Publicado
Livro Lambert Academic Publishing, Omni-Scriptum, GmbH and Co.
KG. setembro de 2023.
ISBN: 978-6206-781967.

[89]. Fouad A. S. Soliman, Wafaa A. Zekri e Karima A. Mahmoud,

"**O papel do hidrogénio na vida humana**" - Livro publicado Lambert
Publicação académica, Omni-Scriptum, GmbH e Co. KG. setembro de 2023.
ISBN: 978-6206-78625-2.

[90]. Fouad A. S. Soliman, e Karima A. Mahmoud, "Future of **Energia renovável e técnicas de armazenamento**". Livro publicado
Lambert Academic Publishing, Omni-Scriptum, GmbH e Co. KG. setembro de 2023.
ISBN: 978-6206-790570.

[91]. Fouad A. S. Soliman, **Hamid I. E. Mira e Karima A. Mahmoud,**
"Importância, pobreza, transmissão e segurança das energias renováveis
Livro publicado Lambert Academic Publishing, Omni-Scriptum, GmbH e Co. KG. setembro de 2023.
ISBN: 978-6206-8433513.

[92]. Fouad A. S. Soliman, **Hamid I. E. Mira e Karima A. Mahmoud,**
"Rumo a 100 % de energias renováveis" - Livro publicado Lambert
Academic Publishing, Omni-Scriptum, GmbHand Co. KG. Dez. 2023.
ISBN: 978-620-7-44774-9.

[93]. Fouad A. S. Soliman, e Karima A. Mahmoud, "Vehicles **Operação para um futuro não poluído**". Livro publicado Lambert
Publicação académica, Omni-Scriptum, GmbH e Co. KG. Dez. 2023.
ISBN: 978-620-7-45399-3.

[94]. Fouad A. S. Soliman, e Karima A. Mahmoud, "World of **Photonics**". Livro publicado Lambert Academic Publishing, Omni-
Scriptum, GmbH e Co. KG. dezembro de 2023.
ISBN: 978-620-7-45399-3.

[95]. Fouad A. S. Soliman, e Karima A. Mahmoud, "Electronics **and**
Ciências informáticas para eleições justas". Livro publicado
Publicação académica, Omni-Scriptum, GmbH e Co. KG. Dez. 2023.
ISBN: 978-620-7-474783.

[96].   Fouad A. S. Soliman, **Hamid I.ER.Mira e Karima A. Mahmoud,**
     "Fosfatos, Ácidos Fosfóricos e Células Fúlgidas". Livro publicado Lambert
Publicação académica, Omni-Scriptum, GmbH e Co. KG. Dez. 2023.
     ISBN: 978-620-7-484935.

[97].   Fouad A. S. Soliman, **e Karima A. Mahmoud, "Waste Heat Recovery for Power Generation Applications".** Livro
publicado
     Lambert Academic Publishing, Omni-Scriptum, GmbH e Co. KG. dezembro de 2023.
     ISBN: 978-620-7-48768-4.

[98]. Fouad A. S. Soliman, **Hamed I. E. Mira, e Karima A. Mahmoud,**
     "Estradas Solares", Livro Publicado. Lambert Academic Publishing, Omni-
     Scriptum, GmbH e Co. KG. janeiro de 2024.
     ISBN: 978-620-3-19965-5.

[99].   Fouad A. S. Soliman, **e Karima A. Mahmoud, "Solar Energy**
 Livro publicado Lambert Academic Publishing, Omni-
     Scriptum, GmbH e Co. KG, maio de 2024.
     ISBN: 978-620-7-64062-1.

[100]. Fouad A. S. Soliman, **e Karima A. Mahmoud, "New Look to the**
     O mundo da energia negra e dos materiais". Livro publicado Lambert
Publicação académica, Omni-Scriptum, GmbH e Co. KG, junho de 2024.
     ISBN: 978-620-7-64872-6.

[101]. Fouad A. S. Soliman, **e Karima A. Mahmoud, "Artificial Intelligence**
     e o Futuro da Humanidade". Livro publicado Lambert Academic Publi-
     shing, Omni-Scriptum, GmbH e Co. KG, junho de 2024.
     ISBN: 978-620-7-65198-6.

[102]. Fouad A. S. Soliman **e Karima A. Mahmoud, "Technological Road-**
     mapas para o objetivo de emissões líquidas zero até 2030 e 2050". Livro publicado
     Lambert Academic Publishing, Omni - Scriptum, GmbH and Co. KG, junho
     2024.
     ISBN: 978-620-7-809264.

[103]. Fouad A. S. Soliman, Hamed I. E. Mira e Karima A. Mahmoud,
"Perovskite para o futuro brilhante das células solares".
Livro publicado
Lambert Academic Publishing, Omni - Scriptum, GmbH and Co.
KG, julho
2024.
ISBN: 978-620-7-995462.
[104]. Fouad A. S. Soliman e Karima A. Mahmoud, "Role of Neural
Redes sobre o futuro brilhante das ciências da computação".
Publicado
Livro Lambert Academic Publishing, Omni - Scriptum, GmbH
and Co.
KG, agosto de 2024.
ISBN: 978-620-8-01103-1.
[105]. Fouad A. S. Soliman, Hamed I. E. Mira e Islam G. El-
hendawy,
"Regenerações de células fotovoltaicas e seus
desenvolvimentos Investigação",
Livro publicado Lambert Academic Publishing, Omni - Scriptum,
GmbH
e Co. KG, setembro de 2024.
ISBN: 978-620-8-11919-5.
[106]. Fouad A. S. Soliman e Karima A. Mahmoud, "World of
Hybridi-
zação". Livro publicado Lambert Academic Publishing, Omni -
Scrip-
tum, GmbH e Co. KG, outubro de 2024.
ISBN: 978-620-817902.

[107]. Fouad A. S. Soliman e Karima A. Mahmoud, "Laser
Technologies
e futuras aplicações". Livro publicado Lambert Academic
Publishing, Omni -Scriptum, GmbH and Co. KG, outubro de
2024.
ISBN: 978-620-8-22485-1.
[108]. Fouad A. S. Soliman e Karima A. Mahmoud, "Inteligência
Artificial
para a geração óptima de energia solar". Livro publicado
Lambert
Publicação académica, Omni -Scriptum, GmbH e Co. KG, Nov.
2024.

ISBN: 978-3-659--75529-2.

[109]. Fouad A. S. Soliman e **Karima A. Mahmoud, "Polymer Composites:**

O Futuro dos Isoladores de Alta Tensão". Livro publicado Lambert

Publicação académica, Omni -Scriptum, GmbH e Co. KG, Nov. 2024.

ISBN: 978-3-659-97909-5.

Karima A. Mahmoud
Investigador de Física

[1]. **Fouad A. S. Soliman** e Karima A. Mahmoud, **"Future of Compo-**

site Materials" Livro publicado, Lambert Academic Publishing, Omni-

Scriptum GmbH and Co. KG, julho de 2019.

ISBN: 978-620-0-24780-3.

[2]. **Fouad A. S. Soliman** e Karima A. Mahmoud, **"Neurons Modeling**

e Circuitos Eléctricos Equivalentes", Publicação, Omni-Scriptum GmbH

and Co. KG, agosto de 2019.

ISBN: 978-620-0-29375-6.

[3]. **Fouad A. S. Soliman** e Karima A. Mahmoud **"Future of Electron**

Beam Applications", Publishing, Omni-Scriptum GmbH and Co. KG,

setembro de 2019.

ISBN: 978-620-0-43740-2.

[4]. **Fouad A.S.Soliman** e Karima A. Mahmoud, **"Renewable Energy**

e o futuro da vida humana", Livro publicado Lambert Academic Publicação, Omni-ScriptumGmbH e Co. KG, fevereiro de 2020.

ISBN: 978-620-0-53632-7.

[5]. **Fouad A. S. Soliman,** Karima A. Mahmoud e Amira Abdel-magid,

"Projecções, desenvolvimentos e explorações de energias renováveis Recursos" Livro publicado, Lambert Academic Publishing, Omni Scriptum GmbH and Co. KG, março de 2020.

ISBN: 978-620-065158-7.

[6]. **Fouad A. A. Soliman,** Wafaa Abd El-Basit e Karima A. Mahmoud,

"Tecnologias fotovoltaicas inteligentes e o futuro da energia",
Livro publicado, Lambert Academic Publishing, Omni- Scriptum GmbH
and Co. KG, março de 2020.
ISBN: 978-620-251267-1

[7]. **Fouad A. S. Soliman, Sanaa A.Kamh e** Karima A. Mahmoud", **Tecnologia de hardware de código aberto,** Livro publicado, Lambert
Publicação académica, Omni-Scriptum GmbH e Co. KG, abril de 2020.
ISBN: 978-620-2-51639-6.

[8]. **Fouad A. S. Soliman e** Karima A. Mahmoud, **"New Trends in Benefícios das energias renováveis para a humanidade",** livro publicado, Lambert
Publicação académica, Omni-Scriptum GmbH e Co. KG, maio de 2020.
ISBN: 978-620-2-51887-1.

[9]. **Fouad A. S. Soliman, Ashraf M. Abdel-maksoud e** Karima A. Mahmoud," **Armazenamento, transmissão e monitorização de energia",**
Livro publicado, Lambert Academic Publishing, Omni-Scriptum GmbH
e Co. K.G., maio de 2020.
ISBN: 978-6213-94971-2.

[10]. **Fouad A. S. Soliman**, Karima A. Mahmoud e Amira Abdel-Magid,
"Projecções, desenvolvimentos e explorações de energias renováveis
Recursos" Livro publicado, Lambert Academic Publishing, Omni-
Scriptum GmbH and Co. KG, março de 2020.
ISBN: 978-620-065158-7.

[11]. **Fouad A. A. Soliman**, Wafaa Abd El-Basit e Karima A. Mahmoud"
Tecnologias fotovoltaicas inteligentes e o futuro da energia",
Livro publicado, Lambert Academic Publishing, Omni- Scriptum GmbH
and Co. KG, março de 2020.
ISBN: 978-620-251267-1

[12]. **Fouad A. S. Soliman, Sanaa A. Kamh e** Karima A. Mahmoud",
Tecnologia de hardware de código aberto, Livro publicado, Lambert

Publicação académica, Omni-Scriptum GmbH e Co. KG, abril de 2020.
ISBN: 978-620-2-51639-6

[13]. Fouad A. S. Soliman e Karima A. Mahmoud," New Trends in Benefícios das energias renováveis para a humanidade", livro publicado, Lambert
Publicação académica, Omni-Scriptum GmbH and Co. KG, maio de 2020.
ISBN: 978-620-2-51887-1.

[14]. Fouad A. S. Soliman, Ashraf M. Abdel-maksoud e Karima A. Mahmoud, "Armazenamento, transmissão e monitorização de energia",
Livro publicado, Lambert Academic Publishing, Omni-Scriptum GmbH
and Co. KG, maio de 2020.
ISBN: 978-613-4-94971-2.

[15]. Fouad S. S. Soliman, e Karima A. Mahmoud, "Climate Effects on
PV-Systems and their Maintenance and Recycling", Livro publicado,
Lambert Academic Publishing, Omni-Scriptum GmbH e Co. KG, junho
2020.
ISBN: 978-620-2-56451-9.

[16]. Fouad A. S. Soliman, Safaa M. El-Ghanam e Karima A. Mahmoud, "O mundo das tecnologias de gel", Livro publicado,
Lambert Academic Publishing, Omni-Scriptum GmbH e Co. KG, agosto de 2020.
ISBN: 978-620-2-68432-3.

[17]. Fouad A. S. Soliman, Ashraf M. Abedel-maksoud e Karima A. Mahmoud",Tecnologias de energia autónoma e distribuída Systems", Livro Publicado, Lambert Academic Publishing, Omni-
Scriptum GmbH and Co. KG, setembro de 2020.
ISBN: 978-620-0-50455-6.

[18]. Fouad A. S. Soliman, Ashraf M. Abedel-maksoud e Karima A. Mahmoud", Technology and Future of Nano-fluids", Livro publicado,
Lambert Academic Publishing, Omni-Scriptum GmbH e Co. KG, setembro de 2020.
ISBN: 978-620-2-80132-4.

[19]. Fouad A. S. Soliman, Sanaa A. Kamh e Karima A. Mahmoud,

"Novas tendências em redes de energia micro e híbridas", Livro publicado,
Lambert Academic **Publishing**, Omni-Scriptum GmbH e Co. KG, dezembro de 2020.
ISBN: 978-620-2-92022-3.

[20]. **Fouad A. S. Soliman, Safaa R. El-Ghanam e Karima A. Mahmoud, "Novas Tendências em Sistemas Fotovoltaicos",** **Livro** Publicado,
Lambert Academic Publishing, Omni-Scriptum GmbH and Co,
K.G. Dez. 2020.
ISBN: 978-620-3-47075-8.

[21]. **Fouad A. S. Soliman, Hamed I. E. Mira e Karima A. Mahmoud,**
"Pneus de sucata entre as tecnologias de reciclagem e de bioenergia",
Livro publicado Lambert Academic Publishing, Omni-Scriptum GmbH
and Co. KG, março de 2021.
ISBN: 978-620-57464-7.

[22]. **Fouad A. S. Soliman e Karima A. Mahmoud, "Automatic Moni-**
toring of PV-Systems', Livro publicado Lambert Academic. Publicação,
Omni-Scriptum GmbH e Co. KG, setembro de 2021.
ISBN: 978-620-3-58196-6.

[23]. **Fouad A. S. Soliman, Hamed I. E. Mira e Karima A. Mahmoud,**
"Hidrogénio: O Futuro dos Combustíveis sem Carbono",
Livro Publicado
Lambert Academic Publishing, Omni-Scriptum GmbH e Co. KG, outubro de 2021.
ISBN: 978-620-40 20741-4.

[24]. **Fouad A. S. Soliman, e Karima A. Mahmoud, "Unmanned Aerial**
Aplicações e desenvolvimento de veículos para pesos de poucos gramas",
Livro publicado Lambert Academic Publishing, Omni-Scriptum, GmbH
and Co. KG, outubro de 2022.
ISBN: 978-620-4-980669.

[25]. **Fouad A. S. Soliman, e Karima A. Mahmoud, "The Benefits of**

O plástico e os seus perigos iminentes para a humanidade", livro publicado
Lambert Academic Publishing, Omni-Scriptum, GmbH e Co. KG, outubro de 2022.
ISBN: 978-620-5622472.

[26]. **Fouad A. S. Soliman, e** Karima A. Mahmoud, **"Advanced Tecnologias para prospeção e mineração de ouro",** Livro publicado
Lambert Academic Publishing Omni-Scriptum, GmbH e Co. KG, fevereiro de 2023.
ISBN: 978-620-6142263.

[27]. **Fouad A. S. Soliman e** Karima A. Mahmoud, **"Neuro-linguistic Programação",** Livro publicado Lambert Academic Publishing, Omni-Scriptum, GmbH e Co. KG, março de 2023.
ISBN: 978-620-14432.

[28]. **Fouad A. S. Soliman, e** Karima A. Mahmoud, **"Global Energy Interligação e prática",** livro publicado pela Lambert Academic Publicação, Omni-Scriptum, GmbH e Co. KG, abril de 2023.
ISBN: 978-6206-153573.

[29]. **Fouad A. S. Soliman, Hamid I. E. Mira e** Karima A. Mahmoud, **"Uma visão do mundo da tecnologia da energia eólica".**Publicado
Livro Lambert Academic Publishing, Omni-Scriptum, GmbH and Co. KG. setembro de 2023.
ISBN: 978-6206-781967.

[30]. **Fouad A. S. Soliman, Wafaa A. Zekri e** Karima A. Mahmoud, **Role do Hidrogénio na Vida Humana".** Livro publicado Lambert Academic Publishing, Omni-Scriptum, GmbH and Co. KG. setembro de 2023.
ISBN: 978-6206-78625-2.

[31]. **Fouad A. S. Soliman e Karima** A. Mahmoud, **"Future of Energia renovável e técnicas de armazenamento".** Livro publicado
Lambert Academic Publishing, Omni-Scriptum, GmbH e Co. KG. setembro de 2023.
ISBN: 978-6206-790570.

[32]. **Fouad A. S. Soliman, Hamid I. E. Mira e** Karima A. Mahmoud,
"Importância, pobreza, transmissão e segurança das energias renováveis
Livro publicado Lambert Academic Publishing, Omni-
Scriptum, GmbH e Co. KG. setembro de 2023.
ISBN: 978-6206-8433513.

[33]. **Fouad A. S. Soliman, Hamid I. E. Mira e** Karima A. Mahmoud,
"Rumo a 100 % de energias renováveis" - Livro publicado Lambert
Publicação académica, Omni-Scriptum, GmbH e Co. KG. Dez. 2023.
ISBN: 978-620-7-44774-9.

[34]. **Fouad A. S. Soliman, e** Karima A. Mahmoud, **"Vehicles Operation**
At Non-polluted Future", livro publicado Lambert Academic Publishing.
Omni-Scriptum, GmbH e Co. KG. dezembro de 2023.
ISBN: 978-620-7-45399-3.

[35]. Fouad A. S. Soliman, **e Karima A. Mahmoud, "World of**
Photonics". Livro publicado Lambert Academic Publishing, Omni-
Scriptum, GmbH e Co. KG. dezembro de 2023.
ISBN: 978-620-7-467945.

[36]. **Fouad A. S. Soliman, e** Karima A. Mahmoud, **"Electronics and**
Ciências informáticas para eleições justas". Livro publicado Lambert
Publicação académica, Omni-Scriptum, GmbH e Co. KG. Dez. 2023.
ISBN: 978-620-7-474783.

[37]. **Fouad A. S. Soliman e** Karima A. Mahmoud, **"Phosphates,**
Ácidos Fosfóricos e Células Fúngicas". Livro publicado Lambert Academic
Publishing, Omni-Scriptum, GmbH and Co. KG. dezembro de 2023.
ISBN: 978-620-7-484935.

[38]. **Fouad A. S. Soliman, eKarima** A. Mahmoud, **"Waste Heat Reco-**
very for Power Generation Applications". Livro publicado Lambert
Publicação académica, Omni-Scriptum, GmbH e Co. KG. Dez. 2023.

ISBN: 978-620-7-48768-4.

[39]. **Fouad A. S. Soliman, Hamed I. E. Mira, e Karima A. Mahmoud,**
"Estradas Solares", Livro Publicado. Lambert Academic Publishing, Omni-
Scriptum, GmbH e Co. KG. janeiro de 2024.
ISBN: 978-620-3-19965-5.

[40]. **Fouad A. S. Soliman, eKarima A. Mahmoud, "Solar Energy Engin-**
eering". Livro publicado Lambert Academic Publishing, Omni-Scriptum,
GmbH e Co. KG, maio de 2024.
ISBN: 978-620-7-64062-1.

[41]. **Fouad A. S. Soliman, eKarima A. Mahmoud, "New Look to the**
O mundo da energia negra e dos materiais". Livro publicado Lambert
Publicação académica, Omni-Scriptum, GmbH e Co. KG, junho de 2024.
ISBN: 978-620-7-64872-6.

[42]. **Fouad A. S. Soliman, andKarima A. Mahmoud, "Artificial Intelligence**
e o Futuro da Humanidade". Livro publicado Lambert Academic
Publicação, Omni-Scriptum, GmbH e Co. KG, junho de 2024.
ISBN: 978-620-7-65198-6.

[43]. **Fouad A. S. Soliman, eKarima A. Mahmoud, "Technological Road-**
mapas para o objetivo de emissões líquidas zero até 2030 e
2050". Livro publicado
Lambert Academic Publishing, Omni - Scriptum, GmbH and Co. KG, junho
2024.
ISBN: 978-620-7-809264.

[44]. **Fouad A. S. Soliman, Hamed I. E. Mira e Karima A. Mahmoud,**
"Perovskite para o futuro brilhante das células solares".
Livro publicado
Lambert Academic Publishing, Omni - Scriptum, GmbH and Co. KG, julho
2024.
ISBN: 978-620-7-995462.

[45]. **Fouad A. S. Soliman e Karima A. Mahmoud, "Role of Neural**

Redes sobre o futuro brilhante das ciências da computação". Publicado
Livro Lambert Academic Publishing, Omni - Scriptum, GmbH and Co.
KG, agosto de 2024.
ISBN: 978-620-8-01103-1.

[46]. **Fouad A. S. Soliman e** Karima A. Mahmoud, **"World of Hybridi-**
zação". Livro publicado Lambert Academic Publishing, Omni - Scriptum,
GmbH e Co. KG, outubro de 2024.
ISBN: 978-620-817902.

[47]. **Fouad A. S. Soliman e** Karima A. Mahmoud, **"Tecnologias laser**
e futuras aplicações". Livro publicado Lambert Academic
Publishing, Omni -Scriptum, GmbH and Co. KG, outubro de 2024.
ISBN: 978-620-8-22485-1.

[48]. **Fouad A. S. Soliman e** Karima A. Mahmoud, **"Inteligência Artificial**
para a geração óptima de energia solar". Livro publicado Lambert
Publicação académica, Omni -Scriptum, GmbH e Co. KG, Nov. 2024.
ISBN: 978-3-659--75529-2.

[49]. **Fouad A. S. Soliman e** Karima A. Mahmoud, **"Polymer Composites:**
O Futuro dos Isoladores de Alta Tensão". Livro publicado Lambert
Publicação académica, Omni -Scriptum, GmbH e Co. KG, Nov. 2024.
ISBN: 978-3-659-97909-5.

Agradecimentos

Estamos ajoelhados em obediência a ALÁ, agradecendo-Lhe por me ter mostrado o caminho certo. Sem a ajuda de Deus, os nossos esforços ter-se-iam perdido. Foi com a graça de Deus que conseguimos alcançar este grande feito. Agradecemos também a uma pessoa que amamos muito, o Profeta Maomé (que Deus o louve e lhe dê paz).

Gostaríamos também de expressar a nossa mais profunda gratidão a:

- Nuclear Materials Authority, Cairo, Egito.
  Funcionário dos diferentes sectores.

- Colégio Feminino de Artes, Ciências e Educação, Ain-shams Universidade, Cairo, Egito
  Membros do pessoal do Departamento de Física e do Laboratório de Investigação em Eletrónica.

- Centro Nacional de Investigação e Tecnologia das Radiações, Cairo, Egito
  Membros do pessoal do Departamento de Física das Radiações.

- Membros do pessoal do Centro Egípcio de Estudos Económicos, Investigação Científica e Ambiental e Desenvolvimento.

Resumo

A optoelectrónica é o ramo da eletrónica que se ocupa da conversão da eletricidade em luz e da luz em eletricidade, utilizando materiais semicondutores denominados semicondutores. Os semicondutores são materiais sólidos cristalinos com uma condutividade eléctrica inferior à dos metais, mas superior à dos isoladores. As suas propriedades físicas podem ser modificadas pela exposição a diferentes tipos de luz ou pelo fluxo de corrente eléctrica. Para além da luz visível, formas de radiação como o ultravioleta e o infravermelho, invisíveis ao olho humano, podem afetar as propriedades destes materiais. É um domínio em rápido crescimento que combina a eletrónica e a ótica para utilizar a luz no processamento de informações. Basicamente, baseia-se nos fenómenos de interação da luz e de outras formas de radiação electromagnética com materiais semicondutores. Isto torna possível converter sinais eléctricos em ópticos e vice-versa. Os dispositivos optoelectrónicos utilizam efeitos como a foto-eletricidade, a foto-voltaica, a fotoemissão ou a eletroluminescência para detetar, emitir e modular a luz.

A tecnologia optoelectrónica desempenha um papel importante no diagnóstico médico. Neste artigo, é apresentada uma revisão de alguns sensores optoelectrónicos para testes invasivos e não invasivos da saúde humana. É dada especial atenção ao seu princípio de funcionamento básico e à sua utilidade médica. O documento apresenta também a sua própria investigação relacionada com o desenvolvimento de ferramentas para a análise do hálito humano. Foi descrita uma unidade de amostra de ar expirado e um analisador de três biomarcadores gasosos que utiliza espetroscopia de absorção laser concebido para diagnóstico clínico. O analisador está equipado com sensores para a deteção de CO, CH4 e NO. Os sensores funcionam utilizando a espetroscopia de passagem múltipla com método de modulação do comprimento de onda (MUPASS-WMS) e a espetroscopia de reforço da cavidade (CEAS).

A optoelectrónica combina as realizações da química, da física do estado sólido e da eletrónica para criar um domínio interdisciplinar com um vasto espetro de aplicações. Inclui tecnologias para a aquisição, transmissão, processamento e apresentação de informações por meio da luz. Permite a conceção de dispositivos de alta velocidade e elevado desempenho, como lasers, detectores de radiação, moduladores ópticos e ecrãs. Assim, desempenha um papel fundamental nos actuais sistemas de telecomunicações e de informação. Permite a transmissão ultra-rápida de enormes quantidades de dados utilizando fibras ópticas. É também utilizado na medicina, na indústria, nos transportes e em muitos outros domínios. A sua importância irá crescer à medida que o mundo se torna mais digitalizado e aumenta a necessidade de sistemas de processamento de informação cada vez mais rápidos.

Palavras-chave

Optoelectrónica, ramo, da, eletrónica, trata, da, conversão, de, eletricidade, em, luz, utilizando, materiais, semicondutores, chamados, semicondutores, cristalinos, sólidos, de condutividade, eléctrica, menor, que, os, metais, maior, que, os, isoladores, propriedades, físicas, modificadas, exposição, a, diferentes, tipos, de, fluxo, de, corrente, eléctrica, além, da, luz, visível, formas, de, radiação, tais, como, ultravioleta, infravermelho, invisível, olho, humano, pode, afetar, propriedades, materiais, em, rápido, crescimento, campo, que, combina, eletrónica, ótica, luz, processo, informação, baseado, em, fenómenos, interação, formas, de, radiação, electromagnética, com, torna, possível, converter, sinais, eléctricos, ópticos, vice-versa, dispositivos, usam, efeitos, tais, como, foto-eletricidade, foto-voltaica, foto-emis-são, electro-luminescência, detetar, emitir, modular a luz, combina, realizações, química, física do estado sólido, eletrónica, criar, campo, interdisciplinar, espetro, aplicações, inclui, tecnologias, para, adquirir, transmitir, processar, pré-enviar, informações, por, meio, da, luz, permite, conceber, dispositivos, de, alta, velocidade, de, alto, desempenho, como, lasers, detectores de, radiação, moduladores ópticos, ecrãs, além, de, desempenhar, um, papel, fundamental, atualmente, nos, sistemas, de, telecomunicações, de, informação, permite, a, transmissão, ultra-rápida, de, enormes, quantidades, de, dados, utilizando, fibras, ópticas, também, utilizadas, na, medicina, indústria, transportes, em, muitos, outros, domínios, a, importância, crescerá, à, medida, que, o, mundo, se, torna, mais, digitalizado, necessitando, de, sistemas, de, processamento, de, informação, cada vez mais, rápidos, aumenta, disse que, a, optoelectrónica, impulsiona, a, revolução, digital, chave, da, tecnologia, futura, uma, das, primeiras, descobertas, físicas, que, levaram, ao, desenvolvimento, da, optoelectrónica, moderna, chamada, efeito, fotoelétrico, envolve, a, emissão, de, electrões, expostos, a, certos, tipos, de, luz, quando, o, material, absorve, energia, suficiente, na, forma, de, luz, os, electrões, podem, ser, eliminados, superfície do, material, causando, corrente, eléctrica, fluxo, deixando, buracos, de, electrões, fenómeno, semelhante, efeito, fotovoltaico, em, que, a, luz, absorvida, causa, alteração, dos, estados, de, energia, dos, electrões, resultando, em, voltagem, que, pode, produzir, uma, corrente, eléctrica, sensor, primeiro, resulta, em, deformação, fibra, causa, alteração, do, seu, índice, de, refração, alteração, transmissão, ótica, que, finalmente, resulta, na, modulação, do, fluxo, de, fotões, registado, pelo, fotodíodo, a, luz, da, fibra, ótica, pode, ser, diretamente, modulada, quer, pelo, parâmetro, a, ser, investigado, actuando, fibra, especial, reagente, ligado, propriedades, ópticas, reagente, variam, mudança, estimulação, agente, do, meio, medido, tal, sonda, frequentemente, chamada, opt-rode, fluorescência, absorção, dispersão Raman, onda evanescente, ressonância plasmónica, principais fenómenos físicos, funcionamento, mais, simples, classificação, baseada, subdivisão, intrínseca, extrínseca, sensores, atraiu, considerável, atenção, fototerapia, tecnologias, medicina moderna, artificial, luz, fontes, amplamente, problemas de pele, doenças, incluindo tumores, existentes, fototerapêuticas, abordagens, administradas, pacientes, e monitorização em tempo real.

Índice

Capítulo (1)
Optoelectrónica e Acústico-ótica

1.1. Optoelectrónica
1.1.1. Definição de Optoelectrónica

A optoelectrónica é o ramo da eletrónica que se ocupa da conversão da eletricidade em luz e da luz em eletricidade, utilizando materiais semicondutores denominados semicondutores. Os semicondutores são materiais sólidos cristalinos com uma condutividade eléctrica inferior à dos metais, mas superior à dos isoladores. As suas propriedades físicas podem ser modificadas pela exposição a diferentes tipos de luz ou pelo fluxo de corrente eléctrica. Para além da luz visível, formas de radiação como o ultravioleta e o infravermelho, invisíveis ao olho humano, podem afetar as propriedades destes materiais. É um domínio em rápido crescimento que combina a eletrónica e a ótica para utilizar a luz no tratamento da informação. Baseia-se nos fenómenos de interação da luz e de outras formas de radiação electromagnética com materiais semicondutores. Isto torna possível converter sinais eléctricos em ópticos e vice-versa. Os dispositivos opto-electrónicos utilizam efeitos como a foto-eletricidade, a foto-voltaica, a foto-emissão ou a electro-luminescência para detetar, emitir e modular a luz.

A optoelectrónica combina as realizações da química, da física do estado sólido e da eletrónica para criar um domínio interdisciplinar com um vasto espetro de aplicações. Inclui tecnologias para a aquisição, transmissão, processamento e apresentação de informações através da luz. Permite a conceção de dispositivos de alta velocidade e elevado desempenho, como lasers, detectores de radiação, moduladores ópticos e ecrãs. Além disso, desempenha um papel fundamental nos actuais sistemas de telecomunicações e de informação. Permite a transmissão ultra-rápida de enormes quantidades de dados utilizando fibras ópticas. É também utilizado na medicina, na indústria, nos transportes e em muitos outros domínios. A sua importância irá aumentar à medida que o mundo se torna mais digitalizado e a necessidade de sistemas de processamento de informação cada vez mais rápidos aumenta. Pode dizer-se que a optoelectrónica está a impulsionar a revolução digital e é uma tecnologia-chave do futuro.

1.1.2. História

Uma das primeiras descobertas físicas, que conduziu ao desenvolvimento da optoelectrónica moderna, é o chamado efeito fotoelétrico da "optoelectrónica". O efeito fotoelétrico envolve a emissão de electrões por um material quando este é exposto a determinados tipos de luz. Quando o material absorve energia suficiente sob a forma de luz, os electrões podem ser eliminados da superfície do material, provocando a passagem de uma corrente eléctrica e deixando buracos de electrões. Um fenómeno semelhante é o efeito fotovoltaico, em que a luz absorvida provoca uma alteração nos estados de energia dos electrões de um material, resultando numa tensão que pode produzir uma corrente eléctrica.

- Células As células solares utilizam a optoelectrónica para converter a luz em energia eléctrica. A geração de eletricidade em células solares que absorvem a luz do sol é uma aplicação comum que tira partido destes efeitos. A eletricidade assim gerada pode ser utilizada diretamente ou armazenada em baterias para utilização posterior. As aplicações práticas das células solares incluem a produção de eletricidade tanto na Terra, como em casas não ligadas à rede em áreas remotas, como no espaço, como em satélites.
- Os dispositivos optoelectrónicos desempenham um papel fundamental em aplicações e produtos - desde computadores a comunicações,
- A eletroluminescência é outro fenómeno importante utilizado na optoelectrónica. Quando uma corrente eléctrica flui através de alguns materiais, faz com que os electrões em níveis de energia elevados se combinem com buracos de electrões e se desloquem para níveis de energia mais baixos e mais estáveis, libertando energia sob a forma de luz.
- Os LEDs são um exemplo comum da utilização da eletroluminescência. Os LEDs de várias cores são utilizados como indicadores de energia, em ecrãs digitais, como em calculadoras e electrodomésticos, para iluminar sinais e luzes de rua, como faróis e luzes de automóveis, e muito mais. Os painéis de instrumentos dos veículos também utilizam frequentemente a eletroluminescência para iluminação.
- A utilização da optoelectrónica tornou possível o desenvolvimento de fotocopiadoras foto-condutividade, é o fenómeno de aumento da condutividade de um material sob iluminação. Este efeito depende do facto de uma intensidade luminosa mais elevada gerar mais electrões e buracos de electrões em certos materiais, o que aumenta a sua condutividade

eléctrica. Este fenómeno particular da optoelectrónica permitiu a construção de fotocopiadoras. Quando uma superfície foto-condutora numa fotocopiadora é exposta a uma imagem, cria-se uma diferença de condutividade entre as áreas iluminadas que não contêm imagem e as áreas não iluminadas que a contêm. Como resultado, o pó na máquina é distribuído sob a forma de uma imagem, após o que é fixado numa folha de papel, completando o processo de cópia.

- A optoelectrónica pode ser utilizada para automatizar o trabalho administrativo de várias formas
- Com outros efeitos optoelectrónicos estão a ser integrados num grande número de dispositivos e aplicações em numerosas combinações, e ainda mais estão em desenvolvimento. Muitas indústrias foram revolucionadas pela utilização da optoelectrónica. Os dispositivos optoelectrónicos desempenham um papel fundamental em aplicações e produtos - desde computadores a comunicações, tecnologia médica a equipamento militar, fotografia e outras técnicas de imagem, entre outros.

1.1.3. Tipos e utilizações de elementos optoelectrónicos

Há uma variedade de componentes optoelectrónicos que convertem sinais luminosos em sinais eléctricos e vice-versa. Os mais importantes são:

- **Fotodíodos** - sensores de luz semicondutores constituídos por uma junção P-N ativa que gera corrente ou tensão quando a luz incide na junção. Têm diferentes modos de funcionamento e são utilizados, entre outros. Em equipamento médico e industrial.
- **Células fotovoltaicas** - convertem a energia solar diretamente em eletricidade. Muito utilizadas em sistemas de telecomunicações, navegação marítima ou eletrificação rural.
- **Foto-resistências** - resistências controladas pela luz cuja resistência diminui com a iluminação. Utilizados em sensores de luz e interruptores.
- **LEDs** - díodos semicondutores que emitem luz através do processo de eletroluminescência. São amplamente utilizados como indicadores e fontes de luz em eletrónica.
- **ICs de sensores codificadores** - convertem movimentos rotativos ou lineares em sinais eléctricos em sistemas de controlo de movimentos.
- **Díodos laser** - díodos semicondutores que convertem energia eléctrica em luz laser. Utilizados, entre outros. Em leitores de CD, dispositivos médicos e comunicações telefónicas.

- **Fibras ópticas** - transmitem informação sob a forma de luz modulada. Utilizadas em telecomunicações, sensores e las

1.1.4. Aplicações da Optoelectrónica

Os dispositivos e componentes optoelectrónicos são amplamente utilizados em muitos domínios:

Comunicações: A optoelectrónica desempenha um papel fundamental nos sistemas de comunicação modernos. As fibras ópticas, que utilizam o fenómeno da reflexão interna total, permitem a transmissão de sinais a longas distâncias. Os lasers e outros componentes, como os moduladores ou os fotodetectores, são utilizados para converter sinais eléctricos em sinais ópticos e vice-versa. Isto permite uma comunicação rápida, segura e fiável.

Medicina e diagnóstico: Na medicina, a optoelectrónica é utilizada, entre outras coisas, em imagiologia de diagnóstico, medições de biomarcadores, endoscopia ou imagiologia in vivo. Também é utilizada em terapia, como a terapia laser que utiliza lasers para tratar doenças da pele ou a correção da visão por laser. Com a optoelectrónica, é possível diagnosticar os doentes de forma rápida e segura.

Indústria: Na automação e controlo industrial, a optoelectrónica desempenha uma função importante como sensores, transdutores de medição e actuadores em sistemas de controlo. Os sensores optoelectrónicos monitorizam os parâmetros de produção, o estado da máquina e a posição dos componentes. Permitem racionalizar e automatizar os processos industriais.

Entretenimento: Na indústria do entretenimento, a optoelectrónica é utilizada, entre outras coisas. Em sistemas de iluminação de palco, projectores multimédia ou entretenimento virtual. Permite obter efeitos visuais e de iluminação espectaculares, aumentando a atratividade dos eventos.

1.1.5. Avanços tecnológicos em optoelectrónica

Novos materiais e tecnologias, como a eletrónica flexível, estão a criar novas oportunidades para a optoelectrónica. A sua aplicação na inteligência artificial permite a construção de sistemas avançados de visão e sensoriais. A optoelectrónica está a impulsionar o progresso em muitos domínios.

Em resumo, a optoelectrónica é um domínio extremamente versátil e em rápido desenvolvimento, que encontra cada vez mais novas aplicações graças aos avanços tecnológicos. O seu papel irá aumentar com a procura de comunicações rápidas e fiáveis, de sistemas sensoriais avançados ou de iluminação eficiente em termos energéticos.

1.2. Optoacoplador
1.2.1. Prefácio

Um optoacoplador (também chamado optoisolador) é um dispositivo semicondutor que permite a transmissão de um sinal elétrico entre dois circuitos isolados. Para compreender o que é um optoacoplador e como funciona, vamos avaliar o seu funcionamento. Neste componente elétrico são utilizadas duas partes: um LED que emite luz infravermelha e um dispositivo fotossensível que detecta a luz do LED. Ambas as partes estão contidas numa caixa preta com pinos para conetividade. O circuito de entrada recebe o sinal de entrada, quer seja AC ou DC, e utiliza o sinal para ligar o LED.

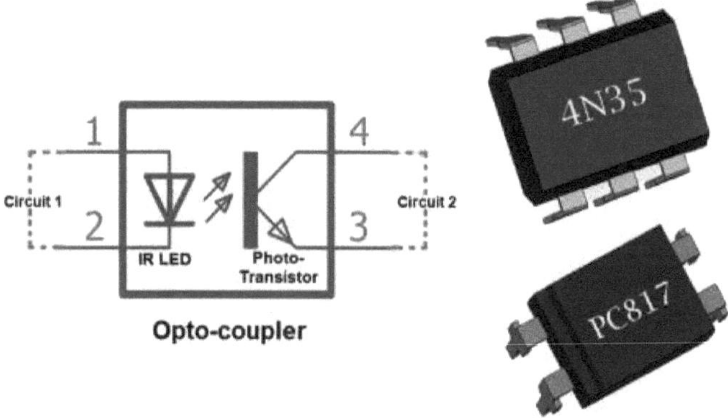

O fotossensor é o circuito de saída que detecta a luz e, dependendo do tipo de circuito de saída, a saída será AC ou DC. Primeiro, é aplicada corrente ao optoacoplador, fazendo com que o LED emita uma luz infravermelha proporcional à corrente que atravessa o dispositivo. Quando a luz atinge o fotossensor, é conduzida uma corrente que é ligada. Quando a corrente que passa pelo LED é interrompida, o feixe de infravermelhos é cortado, fazendo com que o fotossensor deixe de funcionar.

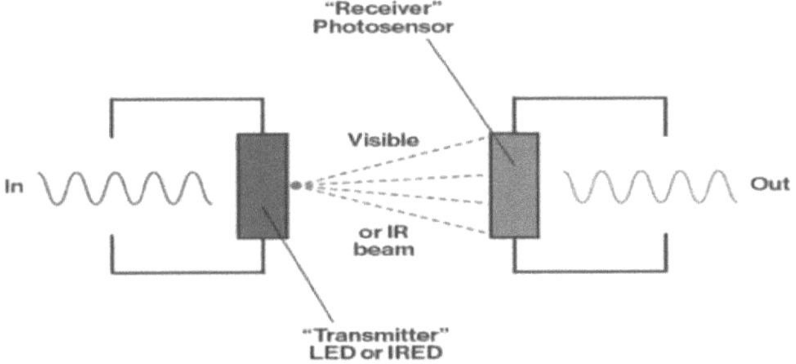

1.2.2. Configurações de optoacopladores

Existem quatro configurações disponíveis, sendo a diferença o dispositivo fotossensível utilizado. O foto-transístor e o foto-Darlington são normalmente utilizados em circuitos de corrente contínua, e o foto-SCR e o foto-TRIAC são utilizados para controlar circuitos de corrente alternada. No tipo foto-transistor, o transistor pode ser PNP ou NPN. O transístor Darlington é um par de dois transístores, em que um transístor controla a base do outro transístor. O transístor Darlington proporciona uma elevada capacidade de ganho.

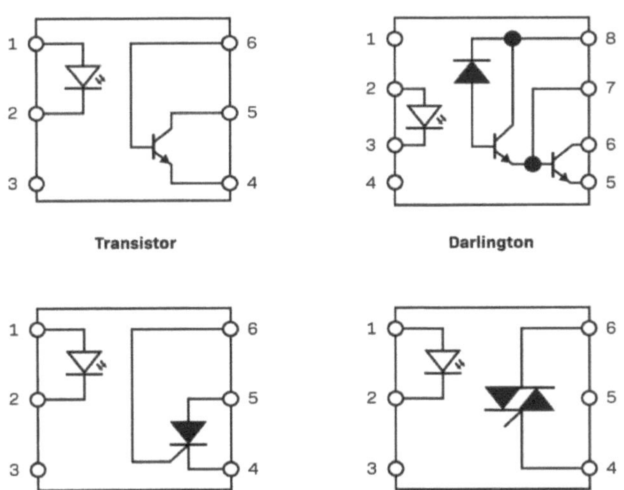

Os termos optoacoplador e optoisolador são muitas vezes utilizados indistintamente, mas existe uma ligeira diferença entre os dois. O fator de distinção é a diferença de tensão esperada entre a entrada e a saída. Isto é fundamental para compreender o seu funcionamento, uma vez que um optoacoplador é utilizado para transmitir informações analógicas ou digitais entre circuitos, mantendo o isolamento elétrico a potenciais até 5.000 volts. Um optoisolador é utilizado para transmitir informações analógicas ou digitais entre circuitos com uma diferença de potencial superior a 5.000 volts.

1.2.3. Funções de um optoacoplador

Estes componentes desempenham várias funções críticas nos sistemas electrónicos:

- **Eliminação de ruído:** Ajudam a remover o ruído elétrico dos sinais, assegurando uma transmissão de dados mais limpa. Criam uma via isolada que bloqueia a interferência do ruído, utilizando um LED e um recetor fotossensível.
- **Isolamento de tensão:** Isolam os dispositivos de baixa tensão dos circuitos de alta tensão, salvaguardando os componentes sensíveis. Este isolamento é crucial para evitar danos provocados por picos de tensão, tais como os causados por transmissões de radiofrequência, descargas atmosféricas e picos de alimentação eléctrica.
- **Controlo de sinais:** Estes componentes permitem que pequenos sinais digitais controlem tensões CA maiores. Ao fornecer uma ponte entre diferentes níveis de tensão, os optoacopladores permitem um controlo preciso de aplicações de alta potência sem contacto elétrico direto.

1.2.4. Tutorial de optoacoplador

Um optoacoplador é um componente eletrónico que interliga dois circuitos eléctricos separados através de uma interface ótica sensível à luz.

O Optoacoplador é um componente eletrónico que pode ser utilizado em muitas aplicações diferentes como interface entre circuitos digitais ou de controlo de baixa tensão e dispositivos electrónicos de grande potência.

Sabemos, através dos nossos tutoriais sobre transformadores, que estes não só podem fornecer uma tensão descendente (ou ascendente), como também fornecem "isolamento elétrico" entre a tensão mais elevada no lado primário e a tensão mais baixa no lado secundário. Por outras palavras, os transformadores isolam a tensão de entrada primária da tensão de saída secundária através do acoplamento eletromagnético, o que é conseguido através do fluxo magnético que circula no interior do seu núcleo de ferro laminado.

A conceção básica de um optoacoplador, também conhecido como opto-isolador, consiste num LED que produz luz infravermelha e num dispositivo fotossensível semicondutor que é utilizado para detetar o feixe infravermelho emitido. Tanto o LED como o dispositivo foto-sensível estão encerrados num corpo ou pacote estanque à luz, com pernas metálicas para as ligações eléctricas, como se mostra.

Um optoacoplador ou opto-isolador consiste num emissor de luz, o LED, e num recetor sensível à luz, que pode ser um fotodíodo simples, um foto-transístor, um foto-resistor, um foto-SCR ou um foto-TRIAC, sendo o funcionamento básico de um optoacoplador muito simples de compreender.

1.2.4.1.   Fototransistor Optoacoplador

Suponha um dispositivo foto-transistor como o apresentado. A corrente do sinal da fonte passa através do LED de entrada que emite uma luz infravermelha cuja intensidade é proporcional ao sinal elétrico. Esta luz emitida incide na base do foto-transístor, fazendo com que este se ligue e conduza de forma semelhante a um transístor bipolar normal.

A ligação de base do foto-transístor pode ser deixada aberta (sem ligação) para uma sensibilidade máxima à energia da luz infravermelha dos LEDs ou ligada à terra através de uma resistência externa adequada de elevado valor para controlar a sensibilidade de comutação, tornando-a mais estável e resistente a falsos disparos por ruído elétrico externo ou transientes de tensão.

Quando a corrente que flui através do LED é interrompida, a luz infravermelha emitida é cortada, fazendo com que o foto-transistor deixe de conduzir. O foto-transistor pode ser utilizado para comutar a corrente no circuito de saída. A resposta espetral do LED e do dispositivo foto-sensível são muito semelhantes, estando separados por um meio transparente, como o vidro, o plástico ou o ar. Uma vez que não existe uma ligação eléctrica direta entre a entrada e a saída de um optoacoplador, é possível obter um isolamento elétrico até 10 kV.

Os optoacopladores estão disponíveis em quatro tipos gerais, cada um com uma fonte LED de infravermelhos mas com dispositivos fotossensíveis diferentes.

1.2.4.2.   Foto-darlington

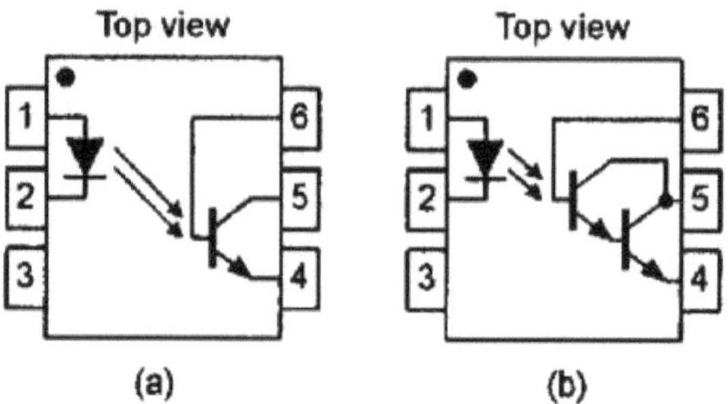

1.2.4.3.

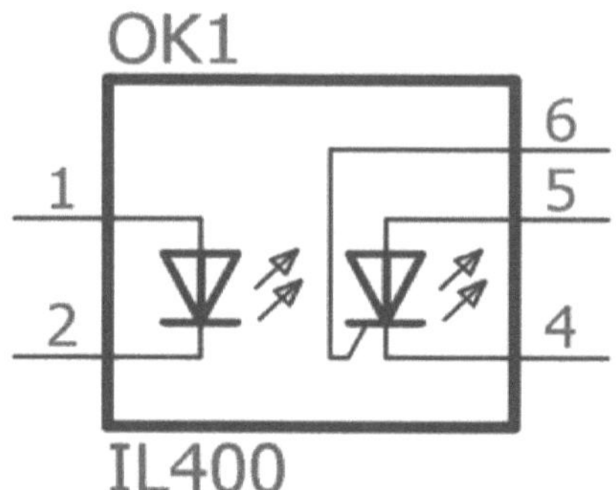

1.2.4.4.   Foto-triac.

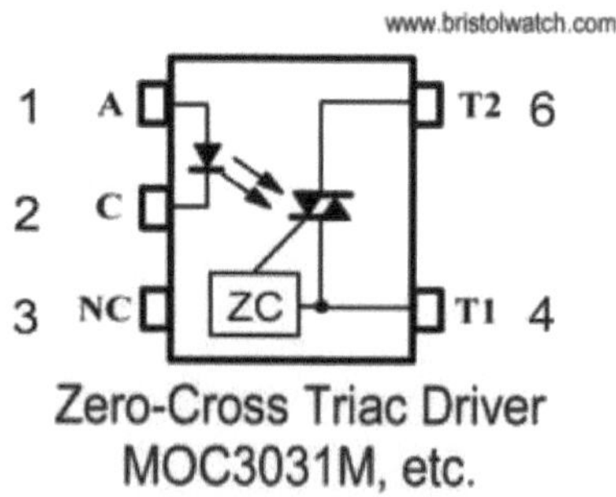

1.2.5.   Diferentes tipos de optoacopladores

Os dispositivos foto-transístor e foto-darlington destinam-se principalmente a circuitos de corrente contínua, enquanto os dispositivos foto-SCR e foto-triac permitem o controlo de circuitos alimentados por corrente alternada. Existem muitos outros tipos de combinações fonte-sensor, tais como LED-fotodíodo, LED-LASER, pares lâmpada-fotoresistor, optoacopladores reflectores e de fenda.

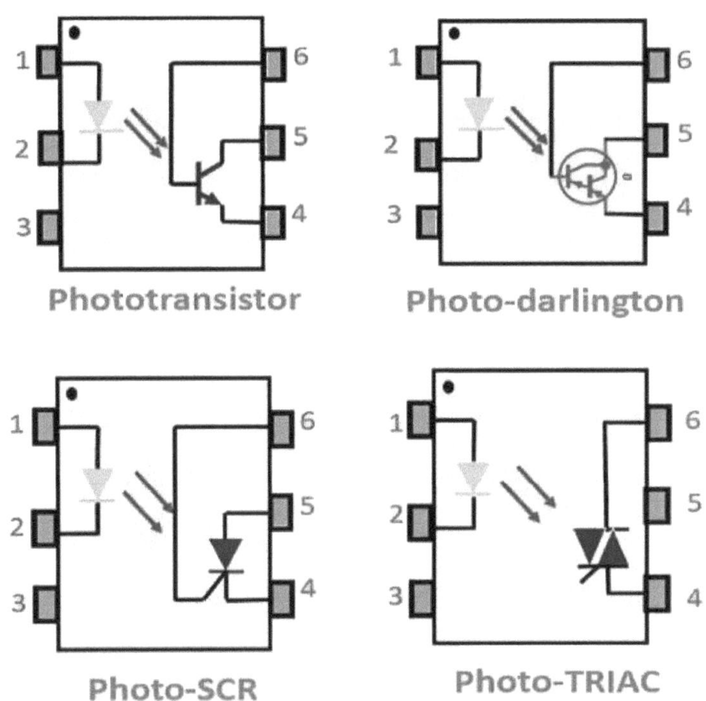

Os optoacopladores caseiros simples podem ser construídos utilizando componentes individuais. Os leds e um foto-transístor são inseridos num tubo de plástico rígido ou envoltos em tubos termorretrácteis, como se mostra. A vantagem deste optoacoplador caseiro é que o tubo pode ser cortado no comprimento que se quiser e até dobrado nos cantos. Obviamente, um tubo com um interior refletor seria mais eficiente do que um tubo preto escuro.

1.2.6. Aplicações de optoacopladores

Os optoacopladores e os opto-isoladores podem ser utilizados isoladamente ou para comutar uma série de outros dispositivos electrónicos de maiores dimensões, tais como transístores e triacs, proporcionando o isolamento elétrico necessário entre um sinal de controlo de tensão mais baixa, por exemplo, de um Arduino ou microcontrolador, e um sinal de saída de tensão muito mais elevada ou de corrente de rede.

As aplicações mais comuns para os acopladores ópticos incluem a comutação de entrada/saída de microprocessadores, o controlo de potência DC e AC, as comunicações com PC, o isolamento de sinais e a regulação de fontes de alimentação que sofrem de corrente loops de terra, etc. O sinal elétrico a transmitir pode ser analógico (linear) ou digital (impulsos).

Nesta aplicação, o optoacoplador é utilizado para detetar o funcionamento do interrutor ou outro tipo de sinal de entrada digital. Isto é útil se o interrutor ou o sinal a ser detectado se encontrar num ambiente eletricamente ruidoso. A saída pode ser utilizada para acionar um circuito externo, uma luz ou como entrada para um PC ou microprocessador.

1.2.6.1.   Interruptor DC Optotransistor

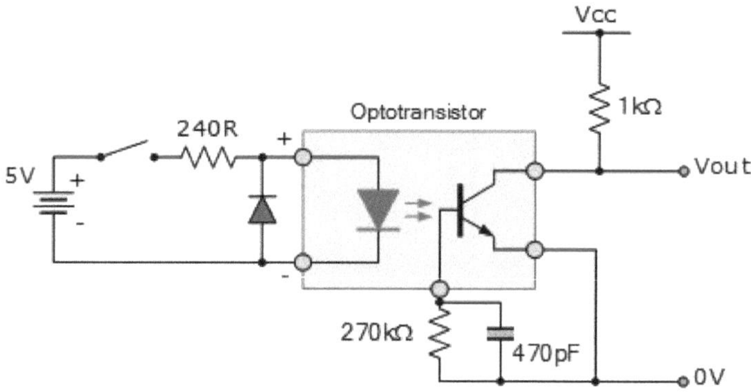

Neste exemplo, a resistência ligada externamente é utilizada para controlar a sensibilidade da região de base dos foto-transístores. O valor da resistência pode ser escolhido de acordo com o dispositivo foto-acoplador selecionado e a quantidade de sensibilidade de comutação necessária. O condensador impede que quaisquer picos ou transientes indesejados desencadeiem falsamente a base dos opto-transístores.

Para além de detectarem sinais e dados de corrente contínua, estão também disponíveis isoladores opto-triac que permitem o controlo de equipamento alimentado a corrente alterna e de lâmpadas de rede. Os triacs opto-acoplados, como o MOC 3020, têm uma tensão nominal de cerca de 400 volts, o que os torna ideais para ligação direta à rede eléctrica, e uma corrente máxima de cerca de 100 mA. Para cargas de maior potência, o opto-triac pode ser utilizado para fornecer o impulso de porta a outro triac maior através de uma resistência limitadora de corrente, como se mostra.

1.2.6.2. Aplicações de triac

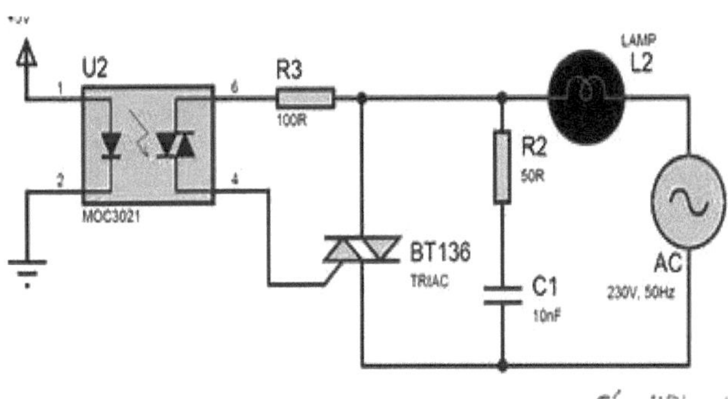

Este tipo de configuração de optoacoplador constitui a base de uma aplicação de relé de estado sólido muito simples que pode ser utilizada para controlar qualquer carga alimentada pela rede de CA, como lâmpadas e motores. Além disso, ao contrário de um tiristor (SCR), um triac é capaz de conduzir em ambas as metades do ciclo de corrente alternada da rede com deteção de cruzamento zero, permitindo que a carga receba potência total sem as pesadas correntes de arranque quando se comutam cargas indutivas.

Os optoacopladores e os opto-isoladores são excelentes dispositivos electrónicos que permitem que dispositivos como transístores de potência e triacs sejam controlados a partir de uma porta de saída de um PC, de um interrutor digital ou de um sinal de dados de baixa tensão, como o de uma porta lógica. A principal vantagem dos optoacopladores é o seu elevado isolamento elétrico entre os terminais de entrada e de saída, permitindo que sinais digitais relativamente pequenos controlem tensões, correntes e potências CA muito grandes.

Os optoacopladores que utilizam um SCR (tiristor) ou um triac como dispositivo de foto-deteção são principalmente concebidos para aplicações de controlo de potência em corrente alternada. A principal vantagem dos foto-SCR e dos foto-triac é o isolamento completo de qualquer ruído ou picos de tensão presentes na linha de alimentação CA, bem como a deteção do cruzamento zero da forma de onda sinusoidal, o que reduz as correntes de comutação e de arranque, protegendo os semicondutores de potência utilizados do stress e choque térmicos.

1.2.7. Optoacopladores e sinais digitais

Os optoacopladores destinam-se geralmente a utilização digital. Tendem a ser altamente não lineares, pelo que é difícil utilizá-los de forma linear para passar sinais analógicos. No entanto, é utilizar um sinal digital para passar um valor analógico através de um optosiolador.

- Pode utilizar um conversor de tensão para frequência para criar uma onda quadrada com uma frequência variável e passá-la através do optoisolador.
- Pode utilizar um modulador de largura de impulsos para criar um sinal digital com um ciclo de funcionamento variável de acordo com o valor analógico e passá-lo através do opto-isolador.
- Pode utilizar um conversor A/D e enviar apenas o dígito

1.3. Acústico-ótico
1.3.1. Aplicações

Os dispositivos AO, bem como os respectivos controladores de RF, desempenham um papel importante numa vasta gama de aplicações devido à sua capacidade de manipular a luz com elevada precisão e velocidade.

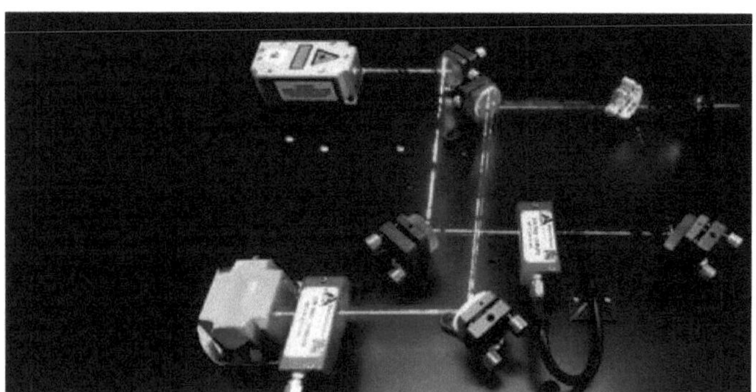

1.3.1.1. Computação quântica

Explorando a manipulação da luz com a acústica A acústica ótica (AO) em computação quântica é utilizada para manipular as propriedades da luz, como a sua frequência, a sua intensidade, a sua fase ou mesmo a sua posição. Estas propriedades têm sido bem exploradas em várias experiências que envolvem fotões emaranhados: o último prémio Nobel da Física de 2022 foi atribuído a essas experiências.

1.3.1.2. Comunicação Quântica

Comunicação Quântica: Aproveitamento de AOMs para Transmissão Segura A comunicação quântica baseia-se na transmissão de estados quânticos entre locais distantes. Os AOMs são utilizados para modular as caraterísticas dos fotões, permitindo a criação de estados emaranhados ou a codificação de informação quântica em fotões para transmissão através de fibras ópticas. Esta modulação garante a transmissão fiel dos estados quânticos.

1.3.1.3. Deteção quântica e metrologia

O papel dos dispositivos acústico-ópticos na deteção quântica e na metrologia Os dispositivos acústico-ópticos desempenham um papel na deteção quântica e na metrologia, aumentando a precisão das medições. Ao modular a fase ou a frequência dos feixes de laser utilizados em instalações de interferometria, os AOM permitem medições de alta resolução de grandezas físicas como a distância, o tempo e os campos magnéticos. Estes avanços têm aplicações no domínio das ondas gravitacionais,

1.3.1.4. Processamento de materiais

Aumento da precisão nos sistemas de gravação: o papel dos lasers de impulsos ultra-curtos e dos dispositivos AO. A utilização de lasers de impulsos ultra-curtos, cuja duração se situa na gama dos picossegundos ou mesmo dos femtossegundos, é bastante comum nos sistemas de gravação. Uma vez que a duração da energia também é curta, isto limita o calor na peça de trabalho e, por conseguinte, o desempenho é preciso.

1.3.1.5. LiDAR

A versatilidade da tecnologia LiDAR LiDAR é um acrónimo derivado de radar, mas que utiliza luz em vez de ondas de rádio. Como tecnologia de deteção, pode ser utilizada para medir distâncias, criar mapas 3D e recolher informações sobre a forma ou as caraterísticas de superfícies ou objectos. Os sistemas LIDAR são utilizados em vários sectores: veículos autónomos, meteorologia, turbinas eólicas e a lista não é exaustiva.

1.3.1.6. Pinças ópticas

Pinças ópticas: uma ferramenta para manipulação microscópica Uma pinça ótica é um instrumento científico que utiliza um feixe de laser focalizado para exercer uma força de atração ou repulsão sobre partículas microscópicas. O feixe focalizado na pinça cria armadilhas ópticas que permitem segurar, mover e manipular facilmente as partículas minúsculas.

1.3.1.7. Imagiologia hiperespectral

Desbloquear conhecimentos: o papel dos AOTFs na imagiologia hiper-espetral Os AOTFs são utilizados em sistemas de imagiologia hiper-espetral para adquirir informação espetral de cada pixel numa imagem. Ao ajustar o AOTF, diferentes comprimentos de onda da luz podem ser transmitidos seletivamente, permitindo a geração de imagens hiperespectrais com informação espacial e espetral. A imagem hiper-espetral tem aplicações na deteção remota, monitorização ambiental e inspeção agrícola.

1.3.1.8. Microscopia com lentes de luz

Iluminando a biologia: microscopia de folha de luz revelada A microscopia de folha de luz é uma técnica de imagem avançada utilizada no domínio da biologia e da investigação biomédica. É particularmente adequada para captar imagens 3D de amostras biológicas, incluindo células e tecidos vivos, com um mínimo de danos fotográficos e uma elevada resolução espacial e temporal. A microscopia de folha de luz funciona com base no princípio da iluminação de uma folha de luz fina.

1.3.1.9. Microscopia confocal

Microscopia confocal: visualização de estruturas 3D A microscopia confocal é uma técnica de imagiologia utilizada em vários domínios, incluindo a medicina, a biologia e a ciência dos materiais. É útil para visualizar estruturas 3D complexas e processos dinâmicos dentro das amostras. O princípio de funcionamento baseia-se na focagem selectiva num plano específico de interesse, eliminando simultaneamente a luz desfocada da...

1.4. semicondutor

1.4.1. Compreender o fosforeto de índio

O fosforeto de índio (InP), um semicondutor duo nascido da união do índio e do fósforo, tem vindo a ganhar destaque na área da optoelectrónica. A razão por detrás deste interesse acrescido? As suas caraterísticas superiores quando justapostas ao silício, especialmente em relação aos circuitos integrados fotónicos. A estrutura cristalina do InP apresenta um intervalo de banda direto - um atributo que o posiciona como o candidato ideal para aplicações ópticas, como lasers e fotodetectores.

À medida que nos aprofundamos na utilização do InP na criação de dispositivos optoelectrónicos, as suas caraterísticas singulares vêm à tona - qualidades que o tornam particularmente adequado para este fim. Uma caraterística crítica reside na sua capacidade de atuar como um substrato exemplar para o crescimento epitaxial de outros semicondutores. Esta capacidade abre caminho a estruturas multicamadas de elevado desempenho, essenciais em dispositivos optoelectrónicos avançados. Além disso, quando comparado com o silício, o InP apresenta uma velocidade de electrões mais elevada, o que o torna mais rápido - uma consideração essencial quando se trata de componentes como transístores integrados em circuitos electrónicos.

O foco passa então para os circuitos integrados fotónicos de fosforeto de índio (InP PICs). Essencialmente microchips que substituíram os electrões por fotões - estes são uma revelação! A vantagem é dupla: não apenas a velocidade, mas também a precisão; os fotões ultrapassam os electrões e perdem menos energia nas distâncias percorridas. Assim, a utilização de PIC InP torna-se um passo lógico se o nosso objetivo for conceber sistemas ou redes mais rápidos e com menor consumo de energia, suficientemente equipados para gerir grandes quantidades de transmissão de dados sem perdas ou atrasos.

1.4.2. Composição e estrutura cristalina do fosforeto de índio

Desconcertante, mas fascinante, é o mundo do fosforeto de índio - um semicondutor binário representado pela fórmula química InP. Este composto exótico, criado a partir do índio e do fósforo, tem despertado grande entusiasmo na fotónica. O seu fascínio reside nas suas caraterísticas peculiares, tais como um "band-gap" direto e uma mobilidade eletrónica impressionante.

A configuração cristalina do fosforeto de índio é semelhante à do arsenieto de gálio - cúbica de face centrada (FCC). É esta estrutura que abre um intervalo de energia ideal ou intervalo de banda para numerosas aplicações optoelectrónicas - o que aumenta o seu encanto irresistível.

No processo de fabrico, encontramos uma bolacha de fosforeto de índio disfarçada de substrato. Sobre ela são depositadas camadas que se metamorfoseiam em circuitos integrados fotónicos (PIC). A substituição dos substratos de silício tradicionais por estas bolachas aumenta o desempenho dos PIC com uma velocidade e eficiência sem igual. O segredo para alcançar as cobiçadas propriedades ópticas? Bolachas InP de alta qualidade!

A dopagem é o centro das atenções quando se manipulam as caraterísticas eléctricas de semicondutores semelhantes ao fosforeto de índio. A alteração das impurezas dentro da estrutura cristalina permite manipular com mestria o tipo e o nível de condutividade deste material, adaptando-o melhor a aplicações específicas no âmbito do desenvolvimento da tecnologia fotónica.

Em comparação com os dispositivos baseados em silício, os que são construídos sobre a complexa plataforma oferecida pelo fosforeto de índio podem funcionar a frequências elevadas, consumindo menos energia - factores que impulsionam a sua adoção generalizada em vários sectores, incluindo telecomunicações e centros de dados. No entanto, ao celebrar estas vantagens, não se deve ignorar aspectos práticos como a relação custo-eficácia, uma vez que, apesar de todas as probabilidades, o silício continua a ser mais económico do que o InP, proporcionando, no entanto, um desempenho fiável em diversos sectores.

1.4.3. O papel do fosforeto de índio na

Fabrico de dispositivos optoelectrónicos

Entre a miríade de semicondutores compostos, o fosforeto de índio (InP) conquistou o seu lugar no domínio do fabrico de dispositivos optoelectrónicos, graças às suas propriedades intrigantemente únicas. O fosso de banda direta de que se orgulha é um fator de mudança de jogo - permitindo uma emissão e absorção eficientes da luz - uma caraterística indispensável para a optoelectrónica. Mas não é só isso que o distingue: a sua constante de rede anda de mãos dadas com a do arsenieto de índio e gálio (InGaAs), o que faz do InP um palco ideal para o crescimento epitaxial de unidades baseadas em InGaAs, como moduladores de alta velocidade e fotodetectores.

As aplicações do fosforeto de índio vão desde os díodos até às células solares, com cada dispositivo a capitalizar diferentes facetas deste material multi-dimensional. Consideremos os díodos; estes absorvem a elevada mobilidade de electrões do InP, que abre portas para o transporte de portadores a velocidades estrondosas. Esta caraterística predestina-os a serem utilizados em domínios de comutação rápida, como a fotónica integrada, onde a velocidade reina suprema. Por outro lado, as células solares tiram partido das capacidades do InP em termos de intervalo de banda direta, o que permite uma absorção superior da luz solar, ultrapassando o silício ou mesmo o arsenieto de gálio. Além disso, as caraterísticas de gravação do fosforeto de índio cooperam perfeitamente com os processos de fabricação precisos necessários para criar estruturas complexas essenciais em dispositivos opto-electrónicos avançados. Quando comparado com materiais como o arsenieto de gálio ou o silício, o InP apresenta menos danos durante os procedimentos de gravura a seco - uma vantagem quando se trata de desenvolver nanoestruturas complexas com dimensões iguais ou inferiores a 100 nm.

1.4.4. Bolachas de fosforeto de índio: Importância em Circuitos integrados fotónicos

No mundo dinâmico dos circuitos integrados fotónicos, as bolachas de fosforeto de índio (InP) ocupam um lugar de destaque devido às suas caraterísticas distintivas e composição cristalina. A elevada velocidade e mobilidade dos electrões que caracterizam este material semicondutor tornam-no uma base idílica para dispositivos optoelectrónicos, como díodos laser que funcionam em determinados comprimentos de onda. Em particular, o substrato InP apresenta uma baixa densidade que aumenta a sua eficácia no fabrico de dispositivos electrónicos leves.

Uma das principais caraterísticas da composição única do InP é o seu intervalo de banda direto, que facilita a emissão eficiente de luz - um atributo altamente valorizado em sensores e outros sistemas opto-electrónicos. O processo empregue para fabricar estas bolachas de InP de utilidade peculiar incorpora várias etapas, incluindo o crescimento epitaxial e a dopagem; cada uma delas essencial para alcançar uma qualidade superior.

O crescimento epitaxial assegura a criação de camadas de InP de primeira qualidade nas superfícies das bolachas, ao passo que, através da dopagem, as impurezas são intencionalmente incorporadas no material semicondutor para ajustar as suas propriedades eléctricas em função das necessidades. Por exemplo, a introdução de determinados elementos pode aumentar a densidade da corrente ou ajustar os níveis de condutividade nos transístores construídos sobre estes substratos.

O enigma do intervalo de banda direta do fosforeto de índio tem um enorme significado no mundo da ótica, sobretudo nas comunicações ópticas. Este intrigante semicondutor composto possui uma estrutura de banda eletrónica que lhe permite emitir luz de forma proficiente quando electrificado - uma caraterística que o torna apto a ser utilizado em circuitos fotónicos integrados e amplificadores ópticos semicondutores. A rápida velocidade dos electrões associada ao fosforeto de índio aumenta ainda mais a sua capacidade como semicondutor de intervalo de banda, permitindo taxas de transmissão de dados mais rápidas através de fibras ópticas.

1.4.5. A evolução do fosforeto de índio em Dispositivos fotónicos de alta velocidade

A narrativa dos semicondutores de fosforeto de índio (InP) na orquestra dos dispositivos fotónicos de alta velocidade é verdadeiramente convincente. São os seus atributos únicos, como o intervalo de banda direto e a mobilidade superior dos electrões, que têm desempenhado um papel fundamental - tudo decididamente vantajoso para as aplicações optoelectrónicas. O campo de utilização do InP registou uma expansão impressionante, com a sua aplicação versátil que vai desde os pontos quânticos semicondutores até ao InP a granel utilizado no fabrico de vários componentes avançados.

Não menos cativante é o papel fundamental que o InP único desempenha nestas tecnologias de ponta. De todos os materiais disponíveis, é orgulhosamente o que apresenta a maior gama de sensibilidade em termos de comprimento de onda - o que o torna uma escolha privilegiada para sistemas de telecomunicações de longa distância. E não é tudo; os circuitos integrados fotónicos (PIC), muitas vezes designados por "PIC InP", utilizam inteligentemente os trunfos deste material para reunir múltiplas funções fotónicas num único dispositivo compacto. Estes circuitos são sinónimos de melhor desempenho, redução de tamanho, rentabilidade e fiabilidade aumentada.

Capítulo (2)
Optoelectrónica e cuidados de saúde

2.1. Prefácio

A motivação para a investigação e o desenvolvimento no domínio dos cuidados de saúde e do bem-estar é necessária para enfrentar com êxito os desafios em matéria de cuidados de saúde, reduzir os custos dos cuidados de saúde, mantendo simultaneamente serviços de elevada qualidade para os doentes, e transferir as prioridades dos cuidados de saúde do tratamento para a prevenção [1]. As tecnologias desempenham um papel cada vez mais importante nos cuidados de saúde e no bem-estar. Para esta edição especial, a equipa editorial centrou-se na aplicação de tecnologias optoelectrónicas nos cuidados de saúde e no bem-estar, tendo sido identificados os 9 trabalhos de investigação mais representativos dos manuscritos recebidos.

Com os avanços nas tecnologias de comunicação sem fios dos meios de comunicação de dados e dos biossensores para medir os sinais de bioengenharia do corpo humano, a tecnologia de computação móvel vestível é desenvolvida e utilizada em várias áreas, desde os cuidados de saúde para os idosos até à atividade desportiva [2]. As tecnologias portáteis e vestíveis permitem alargar a monitorização à comunidade. Têm sido utilizadas em muitas aplicações clínicas e de investigação, incluindo a monitorização da saúde, a monitorização de indivíduos idosos e frágeis e de indivíduos com perturbações neurológicas, a medição dos níveis de atividade física em estudos relacionados com doenças e o desenvolvimento de intervenções comportamentais. A tecnologia opto-eletrónica combinada, portátil e vestível cria um comportamento contínuo único e uma monitorização fisiológica em casa e na comunidade.

2.2. Sensores optoelectrónicos selecionados em aplicações médicas
2.2.1. Introdução

Os sensores optoelectrónicos (SO) são aplicados em muitas actividades vitais e científicas, por exemplo: monitorização ambiental, indústria, análise química, biologia e medicina. As actuais aplicações médicas dos SO incluem a oximetria de pulso, a monitorização do ritmo cardíaco, a medição da quantidade de oxigénio no sangue, a monitorização da glicose no sangue, a análise da urina, a correspondência de cores dentárias e a monitorização de biomarcadores exalados. Estes sensores têm de cumprir requisitos rigorosos, devem ser seguros, biocompatíveis,

52

fiáveis, estáveis, adequados para esterilização, imunes à rejeição biológica e miniaturizados. A manutenção destes dispositivos deve ser tão simples quanto possível.

A ideia do funcionamento do SO baseia-se na análise das interações luz-matéria. Os principais processos que ocorrem na matéria iluminada por radiação com um determinado comprimento de onda $\lambda 1$ são mostrados esquematicamente na Figura.

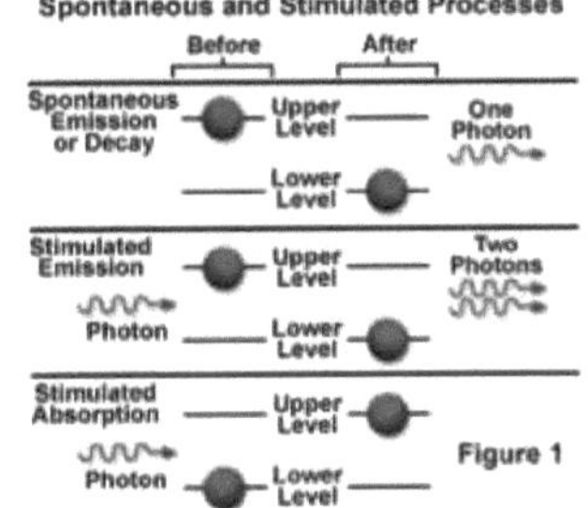

A natureza da interação depende de caraterísticas específicas da matéria. O resultado da interação pode ser utilizado como assinatura da matéria (marcador). Por exemplo, a luz dispersa é utilizada para a investigação de líquidos (monitorização do fluxo sanguíneo ou deteção de glucose). A caraterização (identificação) de substâncias através da análise do seu espetro de absorção específico é de grande importância para as medições médicas. Os sistemas operativos baseados na absorção quantificam geralmente a alteração da intensidade e do espetro da luz que é transmitida através da amostra. Os sensores de reflectância também são concebidos para esta análise específica, mas para as substâncias de baixa transparência. Quando a molécula excitada da amostra regressa ao estado singlete fundamental S0, pode emitir fotões com comprimentos de onda superiores aos absorvidos. A radiação absorvida pode também causar fluorescência em diferentes comprimentos de onda. Devido à conversão interna, a molécula pode também regressar ao estado S0 através do estado tripleto, no caso do fenómeno de fosforrescência. Este efeito dura mais tempo do que a fluorescência e produz radiação de menor energia (maior comprimento de onda). Em ambos os casos, a intensidade da emissão é proporcional à concentração de moléculas excitadas.

Os parâmetros medidos habitualmente no diagnóstico médico podem ser divididos em físicos e químicos. Uma vez que os estímulos não são eléctricos, existem várias etapas de conversão de energia no sensor médico antes de este produzir um sinal elétrico, que é medido e interpretado como representando o parâmetro de interesse. No caso do sistema operativo, o fluxo de fotões é sempre detectado por um fotodetector que efectua a conversão para o sinal elétrico. Por exemplo, uma tensão periódica que actua sobre um sensor de pressão de fibra ótica resulta, em primeiro lugar, numa deformação da fibra, que provoca uma alteração do seu índice de refração e uma alteração da transmissão ótica, o que, por fim, resulta na modulação do fluxo de fotões registado por um fotodíodo.

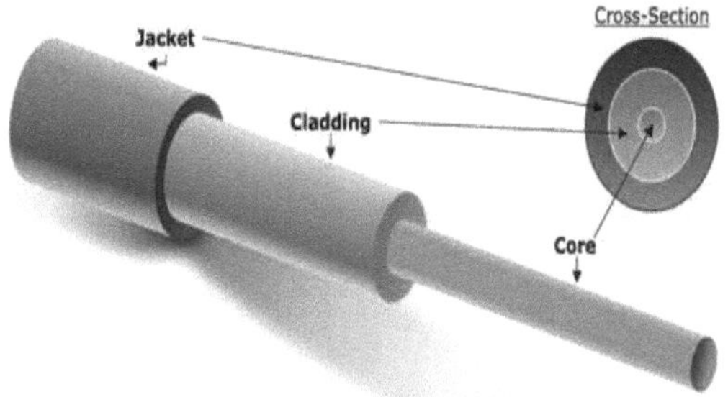

No sistema operativo de fibra ótica, a luz pode ser modulada diretamente pelo parâmetro que está a ser investigado e que actua na fibra ou por um reagente especial ligado à fibra. As propriedades ópticas do reagente variam com a alteração do agente de estimulação do meio medido. Uma sonda deste tipo é frequentemente designada por "opt-rode". A fluorescência, a absorção, a dispersão Raman, a onda evanescente e a ressonância plasmónica são os principais fenómenos físicos do seu funcionamento. A classificação mais simples dos sensores de fibra ótica baseia-se na subdivisão em sensores intrínsecos e extrínsecos.

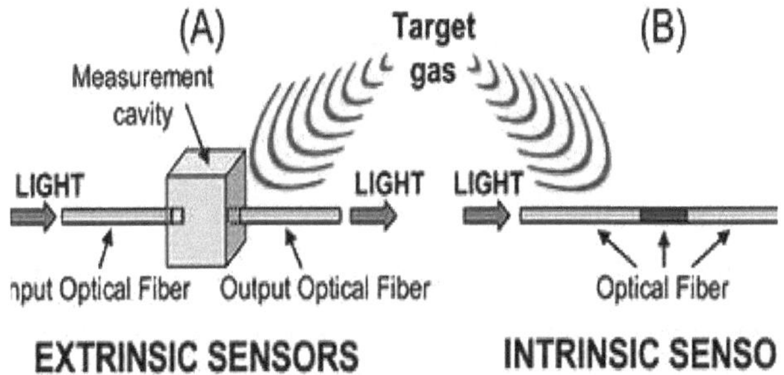

Nos sensores intrínsecos, a fibra desempenha um papel de guia e transdutor de luz. Neste caso, a substância investigada modifica o índice de refração (n) ou o coeficiente de perdas (δ) da fibra. Assim, a radiação transmitida na fibra varia consoante a quantidade de substância [4].

Os sensores extrínsecos utilizam a fibra ótica para guiar a luz desde a fonte até à área de deteção (fora da fibra) onde ocorre uma modulação da luz. A modulação pode dizer respeito a vários parâmetros da luz, como a intensidade, o comprimento de onda, o ângulo de polari-zação, a fase ou o atraso de tempo [1]. Em seguida, a luz modulada é recolhida e transmitida através da fibra para o foto-detetor. A substância investigada produz uma modulação direta da luz ou actua sobre um transdutor, o que acaba por provocar a alteração dos parâmetros da luz.

A monitorização da intensidade da luz é a solução mais simples para a maioria dos sistemas operativos. No entanto, a sua medição é sensível a alterações nos parâmetros da fonte de luz, nos acoplamentos da fibra, na atenuação da fibra, nos ruídos do sinal, etc. Estes factores reduzem a precisão da medição. Por conseguinte, são utilizadas configurações interferométricas como Sagnac, Michelson, Mach-Zehnder e Fabry-Perot para minimizar os erros [5].

O teste médico pode ser efectuado num organismo vivo (in vivo) ou fora do corpo (in vitro). Além disso, tendo em conta o procedimento de ensaio da amostra, os sensores médicos podem ser divididos em [6]:

- sensores não invasivos, em que a sonda permanece fora do corpo humano ou na superfície da pele (em contacto),
- minimamente invasivo (de demora),
- sensores invasivos, em que a sonda tem de entrar no corpo humano através das narinas, da garganta, do buraco do cu, dos ouvidos ou de um implante.

Aqui, os princípios e ideias dos sensores optoelectrónicos invasivos e não invasivos serão utilizados em medicina. O primeiro grupo inclui: imagiologia endoscópica, sensor biliar, medidor de pH, sensores de oxigénio e dióxido de carbono, sensores cardíacos e de pressão. Os exemplos seguintes são apresentados como dispositivos não-inva-sivos: oxímetro de pulso, medidor de fluxo sanguíneo, medidor de glicose, sensor de cancro pró-estatal, tomografia de coerência ótica e analisadores do hálito humano. Também faremos uma breve análise dos resultados da nossa investigação relacionada com o desenvolvimento de sensores de gás ultra-sensíveis, que podem ser aplicados na análise do hálito humano e no rastreio clínico.

2.3. Imagiologia endoscópica

O desenvolvimento de fibras flexíveis facilitou o fabrico de muitos dispositivos médicos modernos, por exemplo, sistemas de imagiologia endoscópica [7]. A figura mostra a conceção de um sistema de vídeo endoscopia. Estes instrumentos são compostos por uma fonte de luz, uma fibra ótica, uma unidade CCD, uma unidade de processamento de imagem e um canal para o instrumento. A fibra do endoscópio transmite a luz de uma fonte para o corpo, iluminando a cavidade onde o endoscópio foi inserido. A luz reflectida na parte do corpo regressa à unidade CCD, e a unidade de processamento de imagem

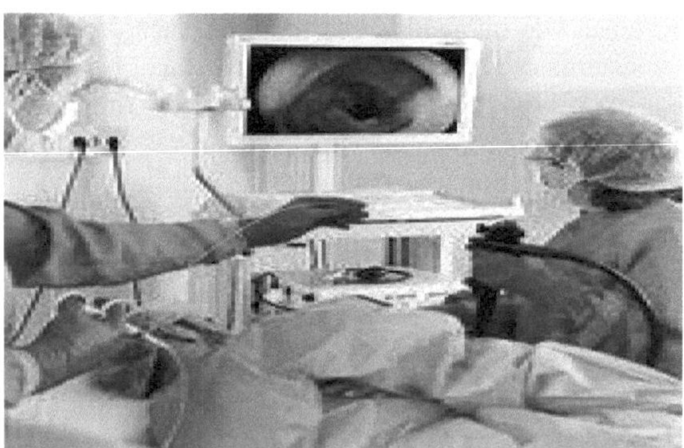

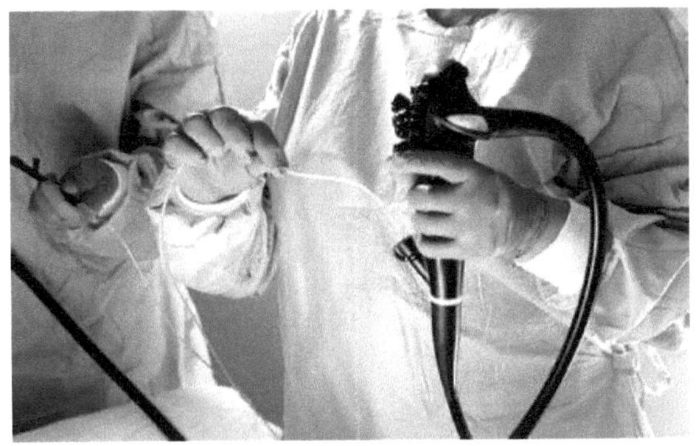

2.4. Oximetria de pulso

A oximetria de pulso é um método de deteção médica não invasivo para medir a frequência do pulso humano e a oxigenação do sangue arterial. O oxímetro de pulso típico é composto por duas fontes de luz com diferentes comprimentos de onda de pico de emissão e um único foto-diodo. Um sensor de oxímetro de pulso baseado em materiais orgânicos é compatível com substratos flexíveis. O sensor é composto por um fotodíodo de polímero orgânico flexível (OPD) e dois díodos orgânicos emissores de luz (OLED): verde

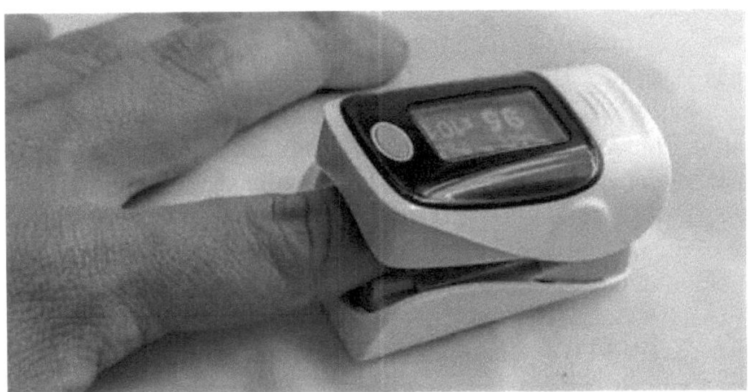

2.5. Analisadores do hálito humano - com base em trabalhos próprios

Os processos metabólicos que ocorrem no corpo humano criam uma grande variedade de compostos orgânicos voláteis (COV) no ar expirado.

Foram já detectados cerca de 3000 compostos diferentes. O azoto, o dióxido de carbono, o oxigénio, a água, o árgon e outros produtos dos processos metabólicos do corpo são os principais componentes do ar expirado. Os COV estão relacionados com a dieta, o nível de stress e o estado imunitário de uma pessoa. Compostos como a acetona, o etano, o pentano e o isopreno são conhecidos na prática médica e

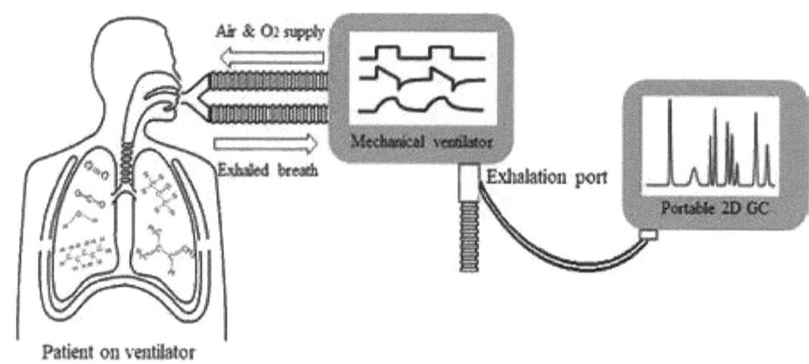

2.6. Sistemas inteligentes avançados
2.6.1. Materiais orgânicos emissores de luz

Como os materiais orgânicos emissores de luz compostos por pequenas moléculas permitem a implementação de camadas extremamente finas por evaporação térmica, são facilmente aplicáveis a dispositivos optoelectrónicos flexíveis. No entanto, os OLED à base de pequenas moléculas estão limitados na escolha de substratos plásticos flexíveis (por exemplo, PI, naftalato de polietileno, polietersulfona, etc.) devido a danos térmicos causados pelo processo de deposição. Em comparação, devido à fácil formação de uma grande área com processos de impressão a jato de tinta e de revestimento por centrifugação, os OLED de polímeros (PLED) baseados em soluções foram considerados como um candidato robusto para sensores optoelectrónicos portáteis [8]

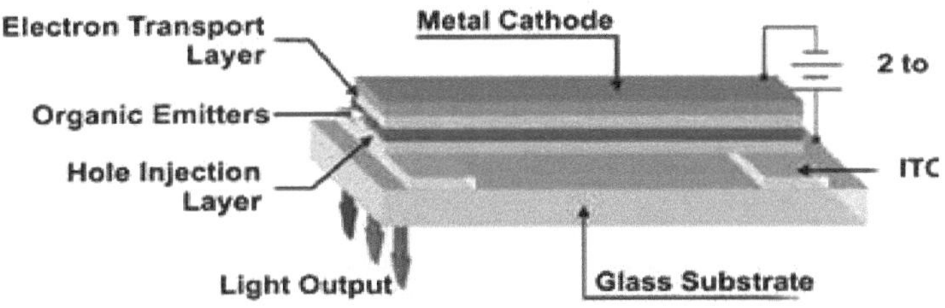

Mais recentemente, os investigadores utilizaram várias camadas de materiais emissores para diversificar as cores, variando com os tipos e tamanhos dos sinais dos sensores portáteis. Koo et al. relataram um sensor de eletrocardiograma (ECG) para usar com base em OLEDs sintonizáveis por cor (CTOLEDs). Os autores utilizaram materiais OLED com pequenas moléculas. Depositaram Parylene-C em vidro revestido a Teflon e depois depositaram cada material OLED e os eléctrodos. Subsequentemente, foi fabricado um CTOLED ultrafino (≈3 μm) para ser usado no dia a dia através de um método de recolha com fita adesiva à prova de água. O dispositivo optoelectrónico vestível incluía um sensor de ECG extensível composto por um elétrodo de Au ultrafino estruturado em serpentina, um amplificador de sinal de nanotubo de carbono (CNT) de semicondutor de óxido metálico do tipo p (p-MOS) e um dispositivo de saída OLED, permitindo uma fixação conforme à superfície do corpo devido à sua espessura ultrafina. Uma vez que o CTOLED permite uma configuração colorimétrica, foram apresentadas várias cores através das tensões aplicadas pelos sinais ECG, desde o vermelho escuro ao branco e até ao azul profundo.

2.6.2. Materiais inorgânicos emissores de luz

O díodo emissor de luz inorgânico (ILED), amplamente utilizado, é um componente essencial na indústria da iluminação de estado sólido. Os LEDs, em geral, são fabricados com o método epitaxial em substratos rígidos, pelo que não são adequados para sensores portáteis. No entanto, os ILED que emitem luz através de semicondutores inorgânicos têm várias vantagens em termos de duração, brilho e espetro de comprimentos de onda de emissão de luz, em comparação com os OLED que utilizam semicondutores orgânicos.56-58 Assim, foram relatados muitos estudos de investigação que utilizam ILED para sensores optoelectrónicos portáteis. Por exemplo, os investigadores exploraram a tecnologia μLED com semicondutores III-V que foram submetidos a crescimento epitaxial à escala micro/nano em bolachas e utilizaram a tecnologia para fabricar optoelectrónica flexível através da transferência para substratos de plástico.

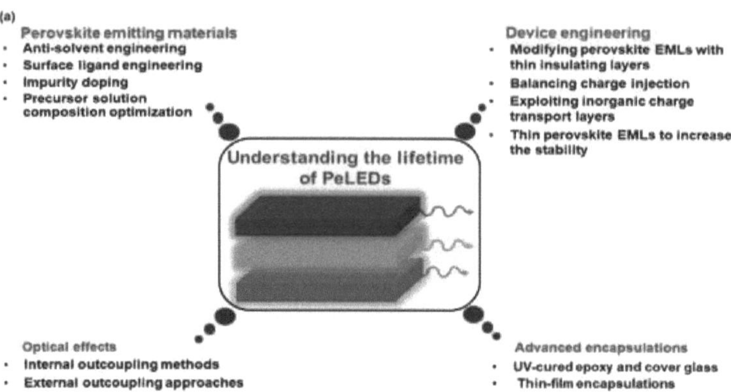

Para além dos materiais baseados em semicondutores inorgânicos, estão em curso estudos para implementar optoelectrónica flexível utilizando outros materiais inorgânicos emissores de luz, como partículas de fósforo inorgânicas, QDs coloidais e perovskitas de halogenetos metálicos, que podem ser construídos através de um processo a baixa temperatura em substratos plásticos. Num estudo recente relacionado com os ILED, Lee et al. apresentaram uma matriz µLED estruturada verticalmente com base em GaN que assegurava tanto a estabilidade térmica dos ILED flexíveis como a flexibilidade [9]. Utilizaram o processo de descolagem a laser (LLO) para separar os chips de LED baseados em GaN das bolachas de safira e ligaram o LED verticalmente, e não lateralmente, utilizando AgNWs para garantir a estabilidade térmica dos ILEDs. O LED vertical flexível ultrafino e transparente (F-VLED) permitiu uma fixação conforme à superfície do corpo e proporcionou uma elevada potência ótica (30 mW mm-2), bem como uma resistência mecânica estável sob repetidos testes de flexão/desdobramento. Utilizaram o F-VLED para uma injeção experimental em cérebros de ratos e constataram uma emissão estável de luz azul sem infeção ou inflamação. As substâncias fluorescentes inorgânicas amplamente utilizadas como material emissor de luz são facilmente misturadas com outros materiais elastoméricos para formar camadas emissoras de luz e assegurar a deformabilidade atribuível aos materiais elastoméricos. Kim et al. fabricaram películas compósitas com partículas emissoras de luz de ZnS:Cu e PDMS elastomérico com uma superfície em forma de pirâmide [10].

Em particular, uma vez que os QDs coloidais de baixo custo suportam diversas abordagens para implementar o processo de solução, revestem-se de grande interesse para os investigadores que exploram a optoelectrónica vestível. Kim et al. propuseram um sensor optoelectrónico extensível baseado em QDs coloidais utilizando eléctrodos de grafeno, com vista a obter propriedades ópticas e eléctricas superiores [11]. Os QDs coloidais foram formados na parte superior dos eléctrodos da camada transportadora de orifícios (HTL) através de um processo de spin-coating ou de transferência e, em seguida, transcritos para o substrato de elastómero pré-deformado para formar os díodos emissores de luz de pontos quânticos flexíveis (QD LEDs). O dispositivo tem um padrão ondulado regular e, assim, mostrou a estabilidade fotoluminescente dos LEDs QD sob 70% de resistência à tração e um raio de 35 μm para curvatura de flexão. O sensor optoelectrónico extensível que inclui foto-detectores QD fabricados com LEDs QD mostrou potencial como sensores opto-electrónicos portáteis capazes de monitorizar continuamente a alteração das ondas sanguíneas no corpo. Apesar das propriedades ópticas superiores dos materiais QD, a maioria destes materiais baseia-se em metais pesados tóxicos (por exemplo, cádmio, chumbo e mercúrio, etc.), pelo que estão sujeitos a restrições ambientais e a aplicações industriais limitadas. Acima de tudo, no desenvolvimento de sensores vestíveis e de outros dispositivos ligados ao corpo, é fundamental desenvolver materiais QD baseados em substâncias não tóxicas para o ambiente. Para tal, alguns grupos de investigação estão a tentar desenvolver QDs amigos do ambiente utilizando materiais não tóxicos, como QDs de carbono, QDs de silício e QDs de compostos ternários. No entanto, em comparação com os QDs existentes baseados em metais pesados, os QDs não tóxicos têm uma menor eficiência de emissão e estabilidade térmica/química, o que justifica estudos em curso para ultrapassar essas limitações [12]. Entretanto, os sensores optoelectrónicos portáteis baseados em perovskitas híbridas de halogenetos metálicos orgânicos-inorgânicos, tais como CH3NH3PbX3 (X=Cl, Br, I), têm sido bem documentados. As perovskitas de halogenetos organometálicos são caracterizadas por elevadas eficiências de conversão de energia e eficiências quânticas de fotoluminescência com ajuste para diferentes tipos e tamanhos de átomos de halogeneto. Devido às suas propriedades excepcionais, as perovskitas de halogenetos organometálicos são aplicadas em vários dispositivos opto-electrónicos, incluindo células solares. A investigação recente utilizou a impressão por jato de tinta para explorar técnicas de modelização, tendo sido proposto um método de impressão da nanoestrutura 3D da perovskite. Espera-se que estas técnicas facilitem o desenvolvimento de diferentes tipos de sensores portáteis adequados à complexa superfície curvilínea do corpo

2.6.3. Materiais Crómicos

Os materiais crómicos são materiais que mudam de cor e que, devido a um estímulo externo, alteram as estruturas químicas e físicas moleculares de uma substância, provocando uma mudança de cor visível. Com base nos estímulos externos, os fenómenos crómicos podem ser classificados em fotocromismo, electrocromismo, termocromismo, piezo-cromismo, mecano-cromismo e magneto-cromismo. Os materiais crómicos podem ser produzidos numa variedade de cores através de um processo simples, que é ativamente aplicado à visualização de sinais de sensores. De entre os vários fenómenos crómicos, o electrocromismo e o termocromismo são úteis para sensores optoelectrónicos portáteis [13].

É importante transformar os sinais eléctricos medidos em informação ótica reversível através de reacções de oxidação-redox. Por conseguinte, vale a pena aplicar materiais electrocrómicos a sensores inteligentes vestíveis, não só para visualização dos sensores, mas também para acessibilidade, menor consumo de energia, compatibilidade com substratos flexíveis e aplicabilidade como armazenamento eletroquímico de energia [14]. Tipicamente, os materiais electrocrómicos são categorizados em polímeros conjugados que são flexíveis em si mesmos, e os óxidos metálicos, tais como WO3, NiO e TiO2, são caracterizados por uma elevada estabilidade eléctrica e térmica e uma elevada eficiência de coloração. Em particular, são capazes de diversificar as cores através de reacções de materiais mate-riais e, como tal, os sensores colorimétricos são dignos de nota em relação aos sensores vestíveis baseados em materiais electrocrómicos.

Kai et al. utilizaram poli (3,4-etileno di-oxitiofeno)/poliuretano (PEDOT/PU) e frutose desidrogenase (FDH), que servem como cátodo e ânodo, respetivamente, com base em películas compósitas electrocrómicas orgânicas, para demonstrar manchas de pele enzimáticas extensíveis com profundidade de cor variável com correntes geradas por reacções redox [14]. Os filmes compósitos PEDOT/PU estão sujeitos a reacções redox, conduzindo a reacções electrocrómicas reversíveis. Os autores sugeriram o desenvolvimento de temporizadores electrocrómicos aplicáveis como adesivos cutâneos, que seriam aplicáveis à cicatrização de feridas e à deteção da dosagem de medicamentos. Park et al. utilizaram materiais electrocrómicos híbridos orgânicos-inorgânicos baseados numa nanofibra de poli-anilina e pentóxido de vanádio (V2O5) para propor sensores de nódoas vestíveis combinados com um dispositivo electrocrómico (ECD) [15]

2.7. Sistemas avançados de deteção sem fios

Um componente indispensável dos sistemas de deteção inteligentes é a comunicação sem fios. A maior diferença entre os sistemas de deteção tradicionais e os sistemas de deteção inteligentes é o facto de a deteção ser ou não realizada através da ligação de fios ao sensor. Os sistemas de deteção integrados com tecnologia de comunicação sem fios dividem-se de acordo com a utilização da radiofrequência (RF). As comunicações sem fios variam consoante a gama de frequências.

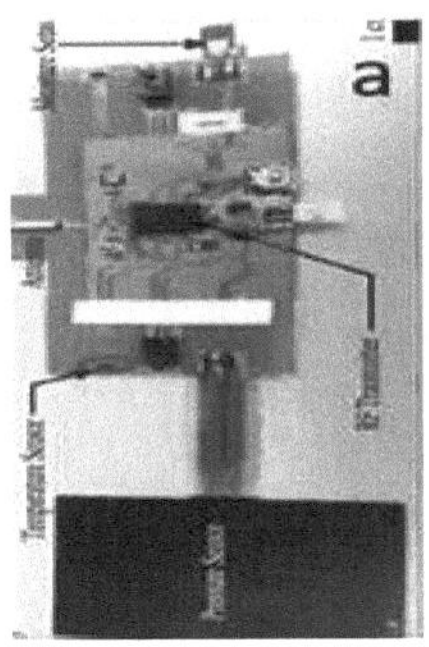

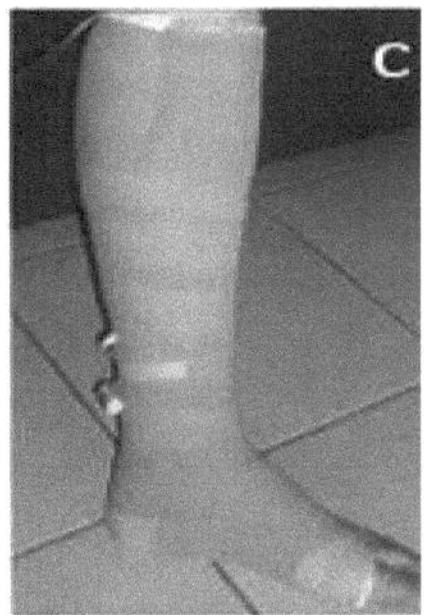

Entre eles, os sistemas de deteção inteligentes sem fios que utilizam bandas de frequência compatíveis com dispositivos móveis inteligentes são susceptíveis de serem utilizados para POCT, que é o objetivo final dos sistemas de deteção inteligentes. Além disso, grandes empresas como a Sam-sung e a Apple estão a investir ativamente nos cuidados de saúde autónomos, o que exige a aplicação de POCT a dispositivos como os relógios inteligentes. A este respeito, as tecnologias de comunicação sem fios são consideradas uma tecnologia-chave [16].

2.7.1. Sistemas de deteção sem fios sem RF

Entre os sistemas de deteção inteligente que utilizam comunicações sem fios, há sistemas de deteção sem fios que não utilizam RF. Park et al. relataram um sensor inteligente para lentes de contacto que responde a concentrações de glicose acima de um determinado nível através de LEDs.49 Como mostra a Figura (a), o sensor utiliza um mecanismo em que o sensor de glicose na lente desliga o LED quando é detectado um determinado nível de concentração de glicose. O sistema de deteção inteligente integra uma antena como meio de receber energia externa para evitar a utilização de pilhas. Na Figura (b), o sistema é constituído por um sensor de glicose, um LED, uma antena AgNFs e um retificador para converter a energia num sinal de corrente contínua (DC). O diagrama do circuito na Figura (c) mostra como o LED se desliga para níveis de glicose acima de um determinado nível. No esquema, o LED e a resistência variável como sensor de glicose utilizam um transístor de efeito de campo (FET) com canais de grafeno que estão ligados em paralelo, influenciando-se mutuamente. À medida que a concentração da solução de glicose aumenta, a resistência do canal de grafeno diminui. Quando a concentração de glicose acima de um determinado nível entra em contacto, a resistência do sensor torna-se muito baixa e a maior parte da corrente flui apenas para o sensor de glicose, que desliga o LED. Este sistema de deteção simples e inteligente foi composto por componentes que permitem esticar, são transparentes e não necessitam de pilhas, sendo simultaneamente capazes de resistir a um ambiente agressivo de elevada humidade e temperatura do corpo humano.

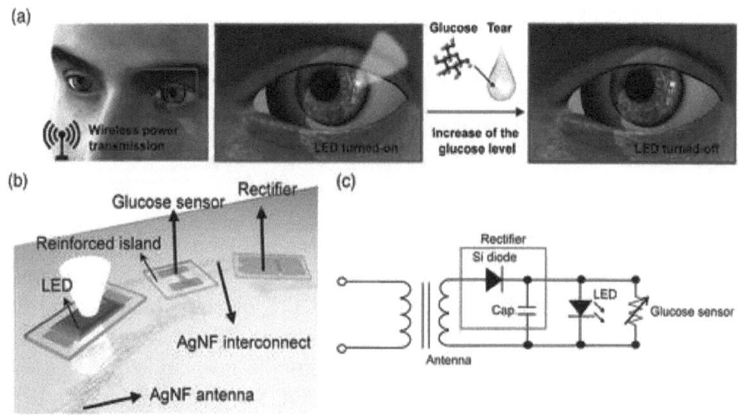

Sistema de comunicação sem fios utilizando LED, sem RF (a). Processo do sistema de medição do nível de glucose sem fios. O pixel LED desliga-se quando o sensor detecta o nível de glucose acima de uma determinada concentração (b). Imagem esquemática dos componentes da lente de contacto inteligente. A lente de contacto inteligente é constituída pelo sensor de glicose, o retificador, o LED, as interligações AgNF e a antena (c). Diagrama do circuito do sistema de sensor de glucose. O retificador é composto por um díodo de silício e uma capacitância (a-c).

Existem também sistemas de deteção inteligentes que medem a pressão intraocular no olho e depois apresentam os dados medidos sem RF. Campigotto et al. apresentaram um sensor de pressão intraocular para lentes que explora um sistema microfluídico para medir a pressão intraocular e apresentar visualmente os dados medidos [8]. O sensor mede a pressão intraocular utilizando um mecanismo em que o calibre dos microfluidos varia consoante a tensão do substrato. O calibre microfluídico foi concebido para poder ser medido com precisão utilizando um dispositivo leitor sem qualquer sinal de RF [17].

2.7.2. Sistemas de deteção sem fios com RF

O método tradicional de medição de sensores consiste em ligar o sensor ao equipamento através de fios. No entanto, devido às necessidades de POCT e de medição de sensores em ambientes agressivos, são necessários mais avanços no sensor, o que levou a vários sistemas de deteção sem fios. O sistema de deteção sem fios mais comum é a utilização de RF. Para utilizar RF, é necessário ter uma antena capaz de acoplamento indutivo. O equipamento deve também medir e ler o sinal utilizando uma bobina de leitura. Kim et al. relataram um sistema de deteção inteligente estruturado com resistor, indutor e condensador (RLC) utilizando bobinas helicoidais AgNW e condensadores Ecoflex em lentes de contacto. Neste estudo, fabricaram uma lente de contacto inteligente para medir a concentração de glicose e a pressão intraocular no olho, integrando um sensor de glicose composto por FET de grafeno e um sensor de pressão intraocular do tipo condensador [17].

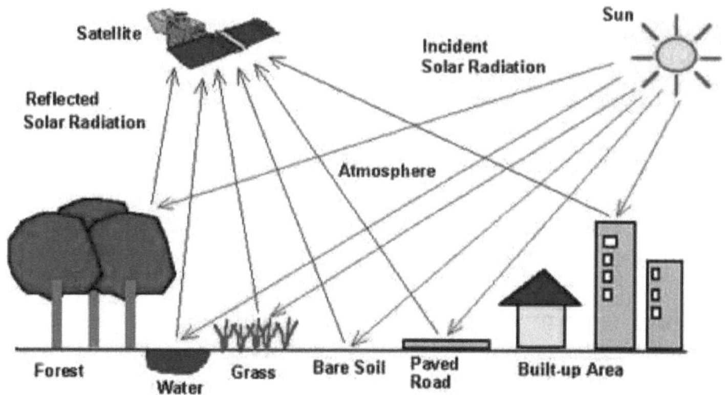

Existem também métodos de comunicação sem fios para identificação utilizando RF e um chip, o que se designa por identificação por RF (RFID), em que os dados do sensor são lidos sem fios por um chip de marcação. A RFID pode ser classificada consoante o tipo de alimentação, podendo ser alimentada sem fios e sem pilhas. A RFID alimentada apenas pela energia fornecida é designada por RFID passiva e a RFID alimentada por uma bateria é designada por RFID ativa.

Existem outros métodos de comunicação, para além do NFC, que podem comunicar com dispositivos móveis inteligentes. De um modo geral, o método de comunicação Bluetooth é atualmente utilizado em vários domínios devido a uma grande distância de comunicação de ≈ 10 m. Gao et al. também relataram um conjunto de sensores electroquímicos utilizando um sistema de comunicação Bluetooth

2.8. Aplicações avançadas de deteção inteligente
Sistemas baseados em optoelectrónica
2.8.1. Sistemas de deteção inteligentes com fotodetectores

Os fotodetectores têm sido uma tecnologia indispensável na história da humanidade, desde os primeiros dispositivos de carga acoplada (CCD) a detectores de raios X, células solares e retinas artificiais, e continuam a ser um campo promissor com investigação ativa. Em particular, as recentes tecnologias de retina artificial comercializadas, como a Argus2, são quase a única esperança de recuperar a visão de pessoas que quase perderam a sua. No entanto, como a resolução não é elevada (a resolução mais alta do Argus2 é de 60 matrizes de eléctrodos) e não se conseguiu um sistema sem fios completo, a possibilidade de desenvolvimento tecnológico e o valor da investigação são muito elevados.90

Recentemente, foram publicados muitos relatórios sobre sensores inteligentes vestíveis que utilizam um foto-detetor em plataformas vestíveis. Kim et al. desenvolveram um sistema de deteção inteligente, sem fios e sem bateria, que pode ser ligado à pele, com um foto-detetor e um LED [11]. Como se pode ver nas fotografias e nos esquemas da Figura (a, b), este sensor inteligente vestível é constituído por um chip NFC, uma antena de cobre, interligações em serpentina de cobre, um LED e outros componentes. O dispositivo combina o PI como substrato rígido e o elastómero de silicone como substrato extensível. Os componentes rígidos do dispositivo são colocados no substrato rígido para ajustar a tensão de modo a que esta se concentre apenas no substrato extensível, a fim de obter a capacidade de estiramento. O dispositivo utiliza LEDs e fotodetectores para detetar caraterísticas ópticas da pele, incluindo o ritmo cardíaco, o rastreio da pressão arterial média (PAM), doenças vasculares periféricas, dosimetria UV e caraterização espectrofotométrica. Como mostra a figura (c), os dados podem ser transferidos diretamente para um dispositivo móvel inteligente utilizando uma antena e um chip NFC sem bateria com uma pequena CPU incorporada capaz de processar os dados. Leung et al. relataram um foto-detetor integrado com nano-geradores tribo-eléctricos (TENGs), que não necessitam de bateria, são flexíveis e transparentes [17]. O dispositivo explora perovskite de iodeto de chumbo e metilamónio estruturada com halogenetos, o que permite uma elevada detectividade, flexibilidade e transparência, possibilitando assim a compatibilidade com uma plataforma vestível. A figura (d) mostra que os materiais do substrato e do elétrodo são todos transparentes e flexíveis, como o PET, o ITO e o PDMS, exceto o elétrodo de ouro.

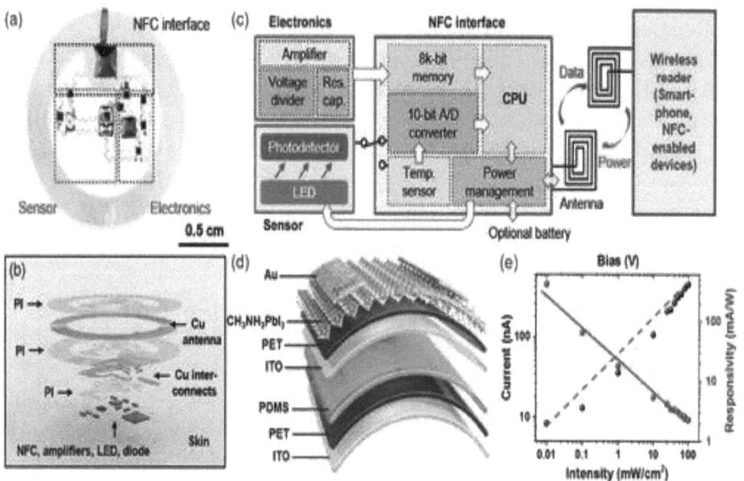

Foto-detectores numa plataforma vestível (a). Fotografia de um sistema optoelectrónico integrado com LEDs e foto-detectores. Barra de escala, 0,5 cm (b). Ilustração em vista expandida de (a). (c) Diagrama esquemático do sistema de sensor optoelectrónico. O dispositivo inclui componentes sem fios NFC, um leitor eletrónico externo, o conversor ana-log/digital (A/D), um foto-detetor e LEDs (a-c). [1]. (d). Imagem esquemática do foto-detetor de perovskite auto-alimentado (e). Caraterísticas do fotodetector de perovskite que apresentam a fotocorrente e a responsividade sob várias intensidades de luz (d,). Reproduzido com permissão [2].

2.8.2. Sistemas de deteção inteligentes integrados com Visualização interactiva homem-máquina

Até agora, as tendências de investigação em eletrónica vestível com funções de deteção inteligentes utilizam informações do movimento humano, que são convertidas em sinais eléctricos e armazenadas como dados para expandir a gama de utilização eficaz dos sinais armazenados e utilizá-los em várias plataformas. Estes sistemas de máquinas interactivas com humanos oferecem a vantagem de serem aplicáveis a uma variedade de aplicações, utilizando dados armazenados do movimento humano. No entanto, continuam a ter limitações significativas nas funções interactivas com o homem. Para armazenar sinais eléctricos convertidos a partir de movimentos humanos e utilizá-los numa variedade de plataformas, é necessário integrar na eletrónica componentes adicionais compostos por formas rígidas de dispositivos. Até agora, foram feitos avanços significativos na tentativa de ultrapassar as limitações dos materiais e substratos portadores com menor módulo de Young para o desenvolvimento de peles opto-electrónicas multiplexadas. Por exemplo, foram desenvolvidos sensores constituídos por substratos flexíveis ou extensíveis como dispositivos semelhantes a peles, com a integração de matrizes activas incorporadas na eletrónica, para que estes sensores funcionem como peles electrónicas interactivas para o utilizador. A figura (a) mostra as ilustrações esquemáticas da optoelectrónica de matriz ativa interactiva fabricada com a integração de matrizes de sensores de pressão e pixéis emissores de luz nos substratos flexíveis [3]. A optoelectrónica interactiva emite luz verde a partir dos pixéis emissores de luz devido ao aumento do fluxo de corrente para as camadas emissoras quando é aplicada pressão. Como se pode ver na Figura (b), os sistemas integrados com eletrónica funcional proporcionaram funções interactivas para o utilizador, o que oferece a vantagem de perfis de pressão que podem ser mapeados espacialmente ou que são visualmente visíveis para um ser humano. Numa outra plataforma, foram desenvolvidos dispositivos optoelectrónicos interactivos que utilizam alterações da capacitância para medir uma vasta gama de pressões sem dispositivos auxiliares de leitura do movimento humano. A figura 6c mostra um dedo humano a empurrar sensores tácteis, o que resulta em alterações na capacitância dos sensores [4]. Esta alteração da capacitância é calibrada por um atraso resistivo-capacitivo (RC) em tempo real. O atraso RC é lido pela unidade de microcontrolador e são apresentados vários símbolos no dispositivo montado na pele. A figura 6d mostra uma visualização das pressões. Foram feitas tentativas para obter funções sem fios, a fim de integrar módulos sem fios, como baterias e Bluetooth, para converter informações sobre o movimento humano para análise e visualização diretamente em dispositivos móveis. Estes sistemas forneceram um caminho para futuras funções sem fios da optoelectrónica interactiva humana, em que a informação recolhida dos sensores de pressão pode ser enviada para a camada de material emissor de luz para a converter em luz e transmitir aos telemóveis.

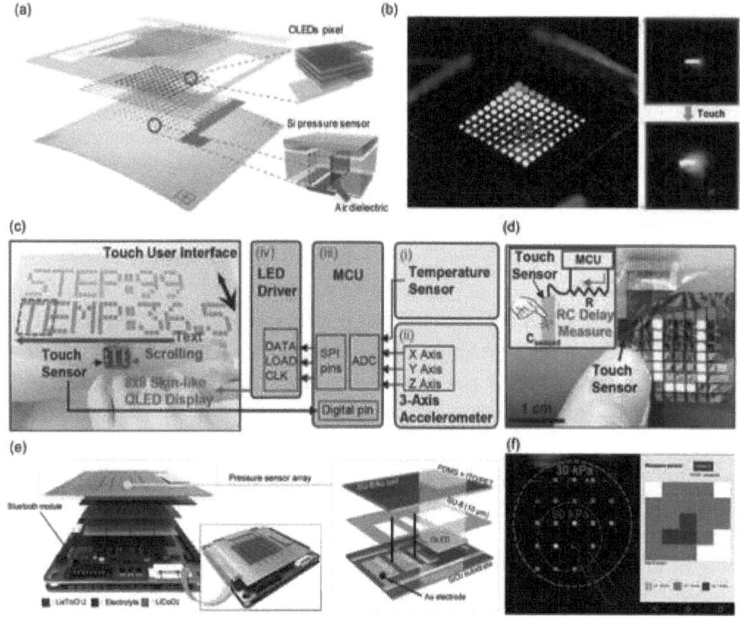

Peles optoelectrónicas para visualização ótica e deteção tátil (a, b). Ilustração esquemática de ecrãs de matriz ativa interactivos para o ser humano utilizando formas flexíveis de substratos e demonstração da visualização da luz através da aplicação de pressão. (c, d). As ilustrações esquemáticas da interação entre a deteção de pressão e a visualização ótica e a fotografia do sensor tátil com a integração do visor optoelectrónico. Barra de escala, 1,0 cm. Reproduzido com autorização (e, f). O esquema de sistemas de comunicação sem fios com integrações de matrizes de sensores de pressão e ecrã OLED tátil-interativo e a respectiva demonstração de comunicação sem fios. Reproduzido com permissão.

2.8.3. Sistemas de deteção inteligentes aplicados à fototerapia

Para além da monitorização de informações biométricas e do diagnóstico de doenças através de sensores inteligentes vestíveis optoelectrónicos, a terapia utilizando a luz emitida por dispositivos optoelectrónicos é uma aplicação promissora dos sensores vestíveis nos cuidados de saúde. A fototerapia inclui mecanismos foto-térmicos, fotomecânicos, fotoquímicos e foto-bio-lógicos, ao passo que a opto-genética que utiliza a foto-reação de proteínas tem atraído uma atenção considerável. Como parte das tecnologias de fototerapia na medicina moderna, as fontes de luz artificial são amplamente utilizadas para tratar problemas de pele e doenças, incluindo tumores. No entanto, as abordagens fototerapêuticas existentes têm de ser administradas aos doentes diretamente nos hospitais e o enorme volume de unidades de fotopolimerização impede a monitorização contínua e em tempo real a longo prazo [16].

A PDT baseada na luz foi desenvolvida para tratar tumores gástricos, da mama, da pele e do cérebro. Uma vez que utiliza a luz, a PDT caracteriza-se por uma menor toxicidade, uma invasão mínima e uma estimulação espácio-temporal precisa, pelo que é de grande interesse para a indústria dos cuidados de saúde. Na PDT, os materiais fotossensíveis são injectados no corpo e expostos à luz. Em seguida, os materiais fotossensíveis absorvem e fornecem energia luminosa ao oxigénio molecular. Posteriormente, o oxigénio singlet citotóxico é descarregado para reagir diretamente aos tumores cancerosos e remover as células malignas

Recentemente, as técnicas opto-genéticas têm atraído muita atenção e estão a ser extensivamente exploradas na engenharia biomédica. As técnicas opto-genéticas que utilizam actuadores opto-genéticos sensíveis à luz, como a canal-rodopsina, a halo-rodopsina e a arque-rodopsina, controlam e registam seletivamente as actividades dos neurónios através da aplicação de luz a um feixe de neurónios e controlam com precisão os locais e o tempo alvo, em comparação com as estimulações eléctricas. Nos primórdios da optogenética, a investigação foi conduzida para ativar neurónios no cérebro, mas recentemente as suas aplicações foram alargadas ao coração, à bexiga e a outros tecidos, bem como ao cérebro. Em termos representativos, Mickle et al. utilizaram sensores de tensão resistivos para monitorizar as funções da bexiga em tempo real e adoptaram técnicas opto-genéticas para a neuro-modulação periférica na bexiga através do Mled.

2.9. Referências

[1].   Lmberis A., Dittmar A. Advanced wearable health systems and
        aplicações - esforços de investigação e desenvolvimento na União
Europeia. IEEE
        Revista Engenharia em Medicina e Biologia. 2007; 26(3):29-33.
[2].   Lee T. G., Lee S. H. Conceção dinâmica do processo de bio-
sensorização no domínio do bem-estar móvel

sistema de informação para cuidados de saúde inteligentes. Comunicação pessoal sem fios
tions. 2016;86(1):201-215.
[3].   E.H. Oh et al
Avanços recentes nas aplicações biomédicas electrónicas e bio-electrónicas.
Enzyme Microb. Technol (2011).
[4].   K. Musa-Veloso et al
A acetona respiratória prediz os corpos cetónicos plasmáticos em crianças com dieta cetogénica.
Nutrição (2006).
[5].   G.D. Lawrence et al
Exalação de etano como um índice de lípidos in vivo   câmara de recolha.
Anal. Biochem. (1982).
[6].   W. Miekisch et al
Potencial diagnóstico da análise do hálito - enfoque nos compostos orgânicos voláteis.
Clin. Chim. Ata (2004).
[7].   M.A. Perez et al. Sensores de fibra ótica para aplicações químicas e biológicas
Medidas. (2013).
[8].   M. Mohamad et al
Uma visão geral dos sensores de fibra ótica para aplicações médicas. Int. J. Eng.
Technol. Sci. (2014).
[9].   L.M. Lechuga et al. Sensor ótico baseado em deteção de campo evanescente.
Parte I: sensores de ressonância plasmónica de superfície. Anal. Chem. (2000).
[10].   S. Silvestri et alSistemas de medição de fibras ópticas para medicina.
Candidatura. (2013)
[11].   A. Mendez Aplicações médicas das fibras ópticas: Fibras Ópticas Vê
Crescimento como sensores médicos. (2011).
[12].   Zheng Lou, Lili Wang, Guozhen Shen.
Tecnologias de materiais avançados.
Avanços recentes em sistemas de sensores vestíveis inteligentes.
[13].   Dongseok Kang, et al.
Plataformas de micro-VCSELs de GaAs compatíveis e heterogeneamente integradas
[14].   Qi-Qi Fu.

Deteção portátil e vestível: Técnicas, Deteção Bioquímica
Materiais ópticos avançados.
Eletrónica flexível para sistemas de sensores vestíveis
[15].   Qiongfeng Shi, et al.
InfoMat.
Progressos na eletrónica/fotónica vestível - Internet das coisas em
movimento.
[16].   Fei Han, et al.
Materiais   com   propriedades   ópticas   sintonizáveis   para
monitorização da saúde em vestuário.
Materiais avançados.

Capítulo (3)
Luz no diagnóstico, terapia e cirurgia

3.1. Prefácio

A luz e as técnicas ópticas tiveram um impacto profundo na medicina moderna, com numerosos lasers e dispositivos ópticos atualmente utilizados na prática clínica para avaliar a saúde e tratar doenças. Os recentes avanços na ótica biomédica têm permitido tecnologias cada vez mais sofisticadas - em particular, as que integram a fotónica com a nanotecnologia, os biomateriais e a engenharia genética. Nesta revisão, revisitamos os fundamentos das interações luz-matéria, descrevemos as aplicações da luz na imagiologia, no diagnóstico, na terapia e na cirurgia, analisamos a sua utilização clínica e discutimos a promessa de tecnologias emergentes baseadas na luz.

A utilização moderna da luz na medicina teve início no século XIX, com rápidas melhorias na compreensão da natureza física da luz e das interações fundamentais luz-matéria. Um exemplo notável de um triunfo precoce na fototerapia é o tratamento do lúpus vulgar induzido por ultravioletas (UV) inventado pelo médico Niels Finsen, que em 1903 recebeu o Prémio Nobel da Fisiologia e Medicina por esta aplicação. Desde 1960, o desenvolvimento dos lasers abriu novas vias médicas. Atualmente, numerosos dispositivos terapêuticos e de diagnóstico baseados no laser são utilizados por rotina na clínica.

No interior dos tecidos, os fotões interagem com a matéria biológica através de vários processos, que podem ser genericamente classificados em dispersão e absorção. A dispersão pode alterar a trajetória de propagação, a polarização e o espetro da luz incidente. Os estados da luz dispersa podem ser analisados e mapeados para diagnóstico e imagiologia. Na absorção de luz, a energia dos fotões é convertida em energia eletrónica ou vibracional na molécula absorvente. Parte dessa energia pode ser reemitida através de lumino-escência (por exemplo, fluorescência), dispersão inelástica ou ondas acústico-mecânicas. Esta emissão do tecido contém informações sobre a sua microestrutura e conteúdo molecular e serve de base para o diagnóstico e a imagiologia ópticos. Por outro lado, a foto-excitação de moléculas intrínsecas ou de agentes exógenos sensíveis à luz introduzidos no corpo pode afetar os tecidos e as células no seu interior de várias formas, através da geração de calor (foto-térmica), de reacções químicas (fotoquímica) e de processos biológicos (foto-biológica ou opto-genética). A terapia ótica e a cirurgia laser utilizam estes efeitos de forma controlada.

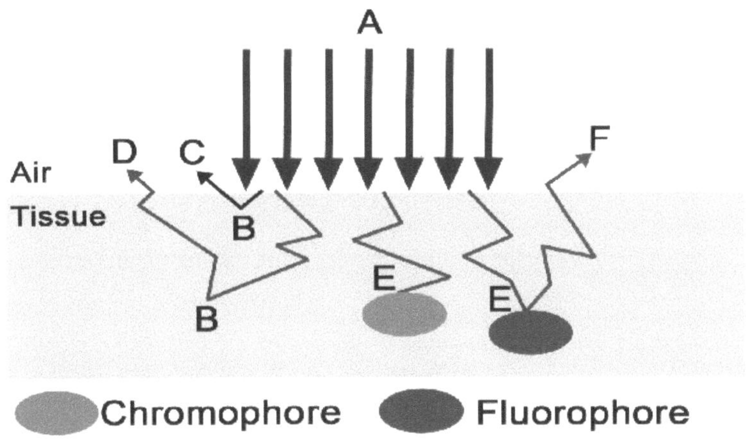

Interações luz-tecido.

Os raios X e os raios gama transformaram a medicina moderna, permitindo a tomografia computadorizada (TC) e a tomografia por emissão de positrões (PET), bem como a radioterapia. As ondas de rádio e os campos magnéticos tornaram possível a imagiologia por ressonância magnética (MRI). Entre o vasto espetro de ondas electromagnéticas, a luz compreende uma região que vai do azul profundo ao infravermelho próximo (NIR) e oferece uma vantagem distinta devido à sua gama única de energia de fotões de 0,5-3 eV. Estas energias caem numa janela que permite interações ricas e seguras com moléculas orgânicas. A energias mais elevadas, pode ocorrer a dissociação de ligações (>3,6 eV para ligações C-C e C-H) e a ionização (>7 eV); e a energias mais baixas, a absorção de água domina, impedindo qualquer seleção específica de moléculas. As tecnologias baseadas na luz em medicina tiram partido da variedade de interações luz-molécula nesta janela ótica.

Em seguida, apresentamos uma panorâmica das principais aplicações da luz em três categorias: diagnóstico ótico, cirurgia a laser e terapia activada pela luz (Fig. a). Abordamos igualmente a imagiologia ótica, que desempenha um papel importante no diagnóstico, na orientação cirúrgica e na monitorização da terapia. Para cada tecnologia , destacamos brevemente o seu princípio de funcionamento, vantagens e limitações e utilidades clínicas actuais. Em seguida, descrevemos as tecnologias emergentes baseadas na luz, com especial destaque para as oportunidades no domínio da nanomedicina, da optogenética e dos dispositivos implantáveis.

Áreas de aplicação médica da luz

Wavelength λ (nm)	Medical applications
405	Photodynamic therapy
630–635, 652, 668	Photodynamic therapy
689, 730	Age-related macular degeneration photodynamic therapy
810±10	Cosmetic, hair removal, dental, biostimulation, surgical, vascular, ophthalmology
940	Varicose vein removal, surgical applications
980±10	Dental, prostate treatment, surgical, ophthalmology
1064	Hair removal, tattoo removal
1210	Liposuction
1320–1380	Surgery
1450–1470	Acne treatment, endovenous laser treatment, surgery
1850–2200	Acne treatment, surgical substitute for thulium-laser

3.2. Cirurgia laser

O desenvolvimento dos lasers alargou as aplicações terapêuticas da luz muito para além dos efeitos há muito conhecidos da luz solar e das lâmpadas focadas. Com os lasers, as intensidades de emissão podem ser várias ordens de grandeza superiores às da luz solar, os impulsos curtos são facilmente gerados e os comprimentos de onda podem ser selecionados com precisão. Os médicos começaram a explorar as aplicações médicas dos lasers após a primeira demonstração do laser de rubi por Maiman em 1960, altura em que os riscos biológicos dos impulsos laser de alta intensidade para o olho e a pele se tornaram conhecidos. A fotocoagulação na retina1 , a destruição de lesões cutâneas [2] e a remoção de cáries dentárias e placas cardiovasculares são exemplos de trabalhos pioneiros. Atualmente, os lasers médicos são utilizados por rotina em muitas aplicações, incluindo cirurgias em oftalmologia, o tratamento de doenças cutâneas e a ablação de tecidos em órgãos internos através da aplicação de fibras ópticas. Este facto conduziu a um mercado global de lasers terapêuticos estimado em mais de 3 mil milhões de dólares (Fig. b) [4].

Cirurgia laser em oftalmologia. A capacidade ablativa dos fotões UV de um excimer laser ArF (193 nm) para remodelar a córnea é amplamente utilizada para a correção de erros refractivos3. A radiação UV quebra as ligações peptídicas das fibras de colagénio na córnea, expulsando um volume discreto de tecido corneano da superfície4 (Fig. a). Por exemplo, um único impulso de excimer (0,25 J cm-2) com um tamanho de ponto de 1 mm remove cerca de 0,25 μm de tecido. Um padrão de varrimento personalizado gerado pela análise ótica da frente de onda do doente é utilizado para remodelar com precisão a córnea do doente. Ao contrário da ceratectomia fotorrefractiva, em que o epitélio da córnea é irradiado, a ceratomileusis in situ assistida por laser (LASIK) abla o estroma da córnea através de um~ retalho de córnea com 160 μm de espessura que é preparado utilizando impulsos de laser de Nd:vidro de femtosegundo (600 fs; 1.053 nm) focados num tamanho de ponto de 2-3 μm. Foram realizados milhões de procedimentos LASIK nas últimas duas décadas, com uma satisfação global dos doentes de 95,4% numa meta-análise recente [5]. A queratoplastia térmica a laser utiliza a energia do laser holmium: YAG (2.100 nm) para remodelar a córnea, mas é menos utilizada devido à regressão plástica após o tratamento.

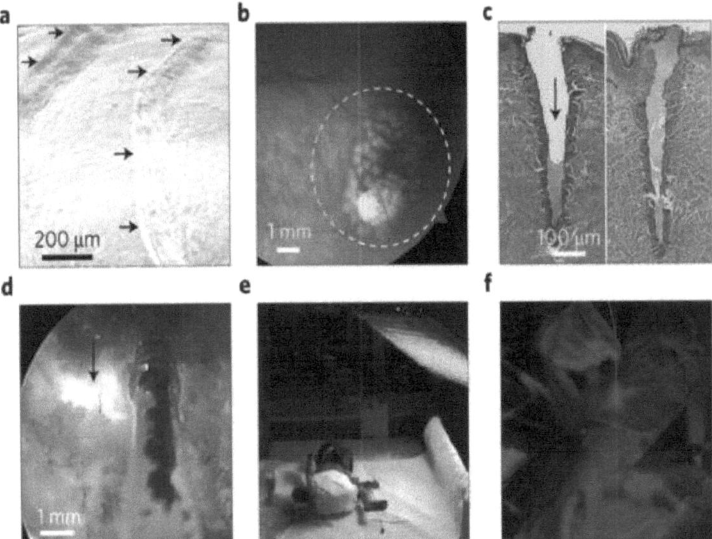

Aplicações cirúrgicas e terapêuticas da luz.

(a), Fotoablação. A micrografia eletrónica de varrimento mostra padrões de ablação gradual (setas) numa córnea experimental por irradiação com excimer laser [4]. (b), Fotocoagulação. Manchas de danos induzidos por laser à volta de uma região de rasgão da retina [7] (círculo a tracejado). (c), Ablação fototérmica. Histologia de tecidos de pele porcina colhidos 0 min (esquerda) e 60 min (direita) após exposição fraccionada a laser de CO2 pulsado in vivo [16]. A seta indica o canal do laser, que é preenchido com um tampão de fibrina em minutos. (d), Ablação fototérmica (vaporização). Um cateter de fibra ótica fornece luz laser de onda contínua de alta potência (seta) para remover o excesso de tecido prostático num doente com hiperplasia benigna da próstata. (e), Terapia de luz azul para o tratamento da iterícia neonatal. (f), Terapia fotodinâmica. Imagem em grande plano das mãos de um cirurgião numa sala de operações. Figura reproduzida com permissão de: a, ref. [4], (b), 7], Digital Journal of Ophthalmology; (c), 16], (d), licença Creative Commons CC BY 3.0; (e), Vtbijoy, licença Creative Commons CC BY-SA 3.0; (f), John Crawford, National Cancer Institute.

A terapia de coagulação com laser é um procedimento comum para selar uma laceração da retina ou um pequeno descolamento da retina [7] (Fig. (b)), encolher os vasos sanguíneos anormais na retinopatia diabética pró-vida e selar os vasos sanguíneos no edema da retina [8]. Os comprimentos de onda verde e amarelo, bem absorvidos pela oxihemoglobina e pela melanina, são adequados para a fotocoagulação. Normalmente, este procedimento utiliza um laser Nd: YAG de frequência dupla à base de fosfato de titanilo de potássio (KTP) (532 nm), um laser de iões de crípton (531 ou 568 nm) ou um laser de corante bombeado por díodo (577 nm) com uma fluência típica de 100 J cm-2 e uma duração de 10-100 ms por impulso [8].

Tratamentos dermatológicos e estéticos. Desde a invenção do laser, têm sido feitos esforços para desenvolver lasers mais eficazes para a remoção de marcas cutâneas indesejadas, incluindo tatuagens, marcas de nascença, estrias, manchas de vinho do Porto, cicatrizes de acne e veias das pernas [9]. A cirurgia cutânea a laser foi revolucionada pelo conceito de fototermólise selectiva [10], que afirma que os impulsos ópticos com parâmetros óptimos - comprimento de onda, duração, tamanho do feixe e energia - podem destruir seletivamente um alvo dentro da pele, minimizando o risco de cicatrizes e danos no tecido normal. Um laser de corante pulsado (PDL) sintonizado a 585 nm (0,4-2 ms; 5-10 J cm-2) remove as marcas da pele ao visar seletivamente a hemoglobina nos glóbulos vermelhos, com danos térmicos mínimos noutras estruturas [11]. São utilizados pontos de 2-10 mm para permitir uma penetração dérmica mais profunda e a destruição de vasos sanguíneos maiores. A PDL é útil no tratamento de manchas de vinho do Porto, hemangiomas superficiais e outras lesões vasculares. É utilizado um dispositivo de arrefecimento criogénico para limitar o aumento da temperatura à superfície da pele, permitindo simultaneamente a acumulação de calor na região-alvo subjacente [12].

A renovação da pele com laser pode reduzir as rugas faciais, as cicatrizes e as borbulhas. De facto, a terapia ablativa utilizando lasers de CO_2 (10,6 µm; 1-10 ns; 5 J cm-2) é o padrão de ouro atual [13]. No entanto, o laser Er: YAG (2.940 nm) tem uma maior absorção de água (12.800 cm-1) do que o laser de CO_2 (800 cm-1), ablacionando 5-20 µm de tecido a 5 J cm-2. Em alternativa, o resurfacing não ablativo pode minimizar o risco e encurtar os tempos de recuperação, produzindo lesões térmicas dérmicas para reduzir as rítides (rugas da pele) e o fotodano, preservando a epiderme. Além disso, o resurfacing fraccionado coagula termicamente ou abla colunas microscópicas de tecido epidérmico e dérmico numa matriz regularmente espaçada que é seguida por uma rápida reepitelização e remodelação dérmica, o que reduz o risco de cicatrizes, melhora a eficácia do tratamento e encurta o tempo de recuperação [14]. Os lasers fraccionados dividem-se em lasers NIR não ablativos (normalmente 1.550 nm) [15] e lasers de infravermelhos ablativos (normalmente 10,6 µm) [16] (Fig. (c).

Ao visar a melanina, o tratamento com laser pode clarear ou remover lesões pigmentadas epidérmicas e dérmicas benignas, bem como tatuagens. Para induzir um aquecimento ablativo rápido, os impulsos Q-switched de nanossegundos (10-100 ns; 3-7 J cm-2; 1-10 Hz) são a escolha habitual. As lesões superficiais são tratadas com comprimentos de onda mais curtos (510 nm para PDL; 532 nm para KTP). Além disso, foi desenvolvido um laser de alexandrite de picossegundos para o tratamento de pigmentos mais pequenos [18].

A depilação a laser utiliza impulsos de luz que visam a melanina na haste do pelo e no folículo piloso para conseguir uma remoção duradoura do excesso de pêlos em locais cosmeticamente indesejáveis [19]. Devido à presença de melanina na epiderme, o arrefecimento ativo da pele por pulverização ou por contacto é fundamental para minimizar a lesão térmica indesejada do tecido. Uma variedade de lasers que emitem impulsos longos (1-600 ms; 10-50 J cm-2), como o laser de rubi, o laser de alexandrite, os lasers de díodo semicondutor (800-810 nm) e as fontes de luz intensa pulsada (IPL) baseadas em lâmpadas de flash (550-1.200 nm) são adequados para a fotodepilação.

Recentemente, algumas fontes de luz portáteis tornaram-se disponíveis como produtos cosméticos de consumo para uso doméstico em aplicações que incluem o fotorejuvenescimento, o crescimento do cabelo, a depilação e o tratamento da acne [20]. Os avanços nos lasers de fibra compactos na gama NIR podem também substituir alguns dos actuais lasers de estado sólido Nd:YAG e holmium:YAG utilizados na clínica [21].

Cirurgia laser em urologia e gastroenterologia. A hiperplasia benigna da próstata é uma doença não cancerosa que afecta cerca de 50% dos homens até aos 50 anos e até 90% com mais de 80 anos, em que uma próstata aumentada comprime ou bloqueia parcialmente a uretra circundante. É utilizado um laser de alta potência (80-180 W; 20 ms; 400 J cm-2) para remover o tecido em excesso. A enucleação ou ablação da próstata com laser de hólmio [22], desenvolvida na década de 1990, é menos popular em comparação com a ressecção transuretral utilizando laços eléctricos. Uma técnica de cirurgia laser em rápido crescimento para a próstata é a vaporização fotoselectiva, utilizando um laser Nd:YAG de dupla frequência (532 nm) fornecido por fibra ótica através de um cistoscópio [23] (Fig. (d).

A litotripsia é um procedimento cirúrgico para remover cálculos do trato urinário (rim, ureter, bexiga ou uretra) em doentes com cálculos urinários (pedras). Quando a litotrícia por ondas de choque baseada em ultra-sons não pode ser utilizada, a litotrícia é realizada com um laser de holmium: YAG através de um ureteroscópio flexível [24]. A litotripsia a laser também é utilizada para a fragmentação de cálculos biliares intraductais, particularmente cálculos que não podem ser direcionados pela litotripsia mecânica convencional [25].

Lasers em car-diologia e cirurgia vascular. A extração de eléctrodos assistida por laser é um procedimento altamente eficaz para a extração de fios de eléctrodos de pacemakers cardíacos e desfibrilhadores dos vasos sanguíneos coronários [26]. Este método utiliza uma bainha especial que conduz pulsos de laser para a ponta distal como um anel de luz para romper o tecido cicatricial ao redor do eletrodo, facilitando a remoção. Tipicamente, são utilizados impulsos de laser XeCl (100-200 ns; 3-6 J cm-2), causando a ablação localizada dos~ 100 μm de tecido à frente da ponta [27].

Uma abordagem inicial para a angioplastia no tratamento da doença arterial coronária foi a ablação de placas com excimer laser através de um cateter de fibra ótica [28]. No entanto, a sua utilização tem vindo a diminuir nos últimos anos. O tratamento com laser endovenoso é eficaz no tratamento da insuficiência venosa das extremidades inferiores, como o refluxo da veia safena magna [29]. A luz laser de alta potência, normalmente proveniente de lasers de díodo NIR de onda contínua (810, 940 ou 1470 nm; 10-30 W), é administrada por via intravenosa através de um cateter de fibra ótica para ablação das veias varicosas [30]. Para as telangiectasias assintomáticas das extremidades inferiores, os lasers (Nd:YAG, díodo, KTP) são aplicados externamente, particularmente quando a escleroterapia não é viável [31].

3.3. Outras aplicações

Foram utilizados vários lasers dentários para remover e modificar os tecidos moles e duros da cavidade oral. Por exemplo, os lasers de CO_2, Nd: YAG e de díodo são utilizados para a remoção de tecidos moles, como na gengivectomia, para matar bactérias e para promover o recrescimento dos tecidos. As aplicações aos tecidos duros (esmalte e dentina), como a perfuração dentária utilizando lasers Er:YAG altamente ablativos [32], também estão a aumentar [33].

Em otorrinolaringologia, o laser de CO_2 é utilizado por rotina devido ao seu mínimo de danos nos tecidos laterais, particularmente na cirurgia da laringe [34]. A coagulação intersticial com laser demonstrou ter potencial para causar necrose de pequenas metástases tumorais [35]. A terapia laser endoscópica pode ser utilizada para o tratamento paliativo de cancros esofágicos avançados [36]. E os lasers Nd: YAG são utilizados na ressecção broncoscópica a laser para aliviar a obstrução intraluminal das vias aéreas causada por carcinoma broncogénico ou corpos estranhos [37].

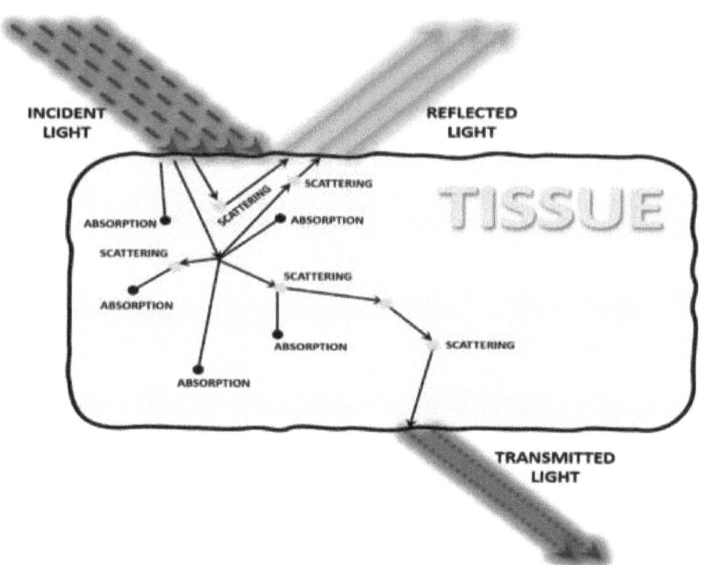

Interações luz-tecido.

As diferentes aplicações diagnósticas e terapêuticas da luz exigem uma escolha específica e óptima dos parâmetros ópticos, incluindo o comprimento de onda λ, o tempo de exposição τ, a área do feixe A, a energia E, a potência $P = E/\tau$, a intensidade P/A e a fluência E/A (Fig. 1b).

3.4. Dispersão da luz

A dispersão elástica da luz ocorre devido à densidade não homogénea da polarização eléctrica nos tecidos. A magnitude da dispersão de Rayleigh dos átomos e moléculas é proporcional a $1/\lambda4$, e a dispersão do tipo Mie devida a variações microscópicas do índice é quase independente de λ. Os coeficientes de dispersão "reduzidos" medidos experimentalmente ajustam-se bem com a $\times$ λ-b, em que b varia entre 0,7 e 1,6 e a varia entre 19 e 79 cm-1, dependendo do tipo de tecido235. A dispersão inelástica da luz resulta de dispersores em movimento (dispersão dinâmica da luz), de ondas hipersónicas produzidas termodinamicamente (dispersão de Brillouin) e de vibrações moleculares (dispersão Raman). Os coeficientes de dispersão para a dispersão inelástica espontânea são várias ordens de grandeza inferiores aos da dispersão elástica.

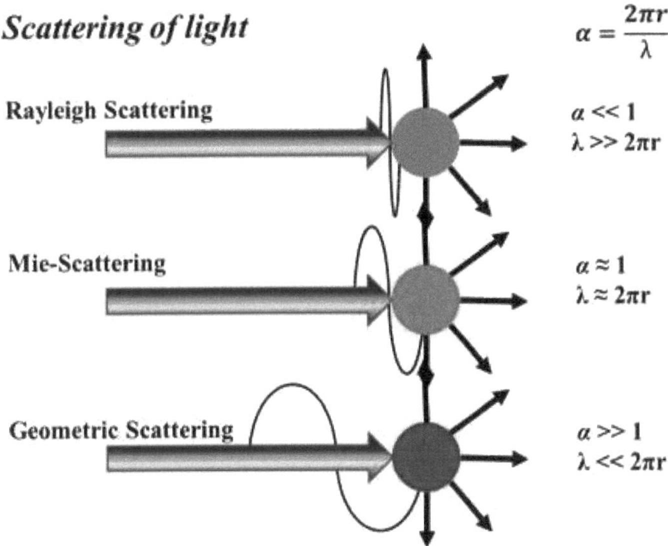

3.5. Profundidades de penetração

A dispersão e a absorção limitam a distância a que a luz se pode difundir nos tecidos. Nos tecidos cutâneos, a profundidade de penetração efectiva em que a energia ótica incidente desce para 1/e ($\sim$ 37%) é normalmente de 50-100 μm para a luz UV e azul (λ = 400-450 nm) e também para a luz infravermelha acima de 2000 nm, devido à elevada absorção da luz pela água. A profundidade de penetração da luz verde (500-550 nm) é de algumas centenas de micro-metros, limitada pela absorção da luz pela melanina e pela hemoglobina. A profundidade de penetração é a maior, tipicamente 1-3 mm, para a luz vermelha e NIR (600-1.350 nm).

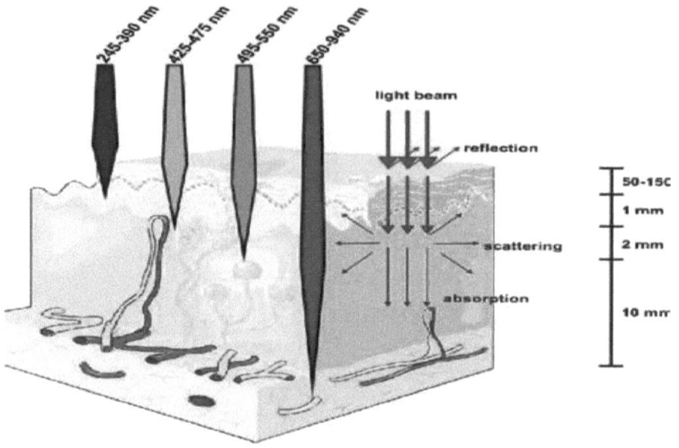

3.6. Efeitos fototérmicos

A temperatura local dos tecidos aumenta em resultado da absorção do laser. A hipertermia ocorre perto dos 42,5-43,0 °C, a coagulação e soldadura dos tecidos ocorre normalmente a 60-70 °C e as temperaturas mais elevadas levam à ablação dos tecidos através da vaporização (100 °C) e carbonização (300-450 °C). A energia necessária depende da temperatura desejada, da penetração da luz e do volume de tecido alvo. Sem dissipação de calor, são necessários aproximadamente 4 J (capacidade térmica) para aumentar a temperatura de 1 cm3 de tecido em 1 °C e~ 2,7 kJ (calor latente da água) para vaporizar a água no tecido. Por exemplo, quando um feixe de laser com uma profundidade de penetração curta de 100 µm é iluminado numa área de 1 cm2, uma fluência de 1 J cm-2 aumentará a temperatura da superfície do tecido em 25 °C acima da temperatura corporal (62 °C), na qual ocorre a desnaturação das proteínas. Uma fluência de 25 J cm-2 aqueceria e vaporizaria a camada de tecido de 100 µm de espessura a 100 °C, ablacionando-a assim.

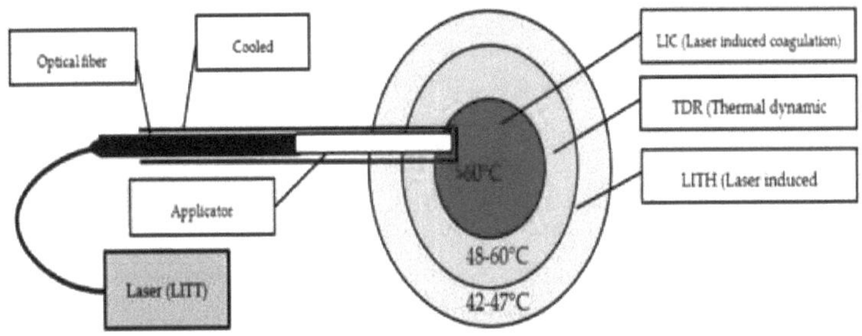

A irradiação pulsada é normalmente utilizada para evitar a difusão de calor durante a irradiação e para minimizar os danos colaterais nos tecidos. Para a ablação de grandes volumes de tecido, as larguras de impulso de 1-100 ms são adequadas; para a ablação de alta precisão, são necessários impulsos de micro e nanossegundos. O comprimento de difusão térmica, $(4\alpha\tau)1/2$, em que, α =~ 1,4 × 10-7 cm2 s-1 é a difusividade térmica no tecido, é de 1,2 mm para iluminação de onda contínua para τ = 10 s, mas apenas 37 nm para impulsos curtos com τ = 10 ns. A temperatura de pico a que ocorrem danos irreversíveis nos tecidos depende do tempo de exposição: de acordo com o modo Arrhenius [36], a desnaturação da proteína é induzida a 60 °C para τ = 1 s, mas requer 90 °C para τ = 10 ns.

Efeitos fotomecânicos. Nos tecidos, a absorção localizada de impulsos laser curtos (<1 µs) leva a um aumento local da pressão (~ 800 kPa por grau Celsius), que gera ondas de tensão propagadas com energia acústica que aumenta com o quadrado da energia do impulso ótico. Para o diagnóstico, é utilizada uma intensidade ótica baixa, que limita o aumento da temperatura a menos de 1oC, e as ondas de ultra-sons geradas são detectadas para mapear a concentração de moléculas que absorvem a luz. Com uma intensidade ótica elevada, as ondas de choque podem causar rupturas mecânicas, muitas vezes com intensidade suficiente para fragmentar cálculos renais. A fotoablação por um laser excimer (ou exciplex) pulsado envolve a quebra de ligações moleculares por luz UV intensa, seguida da ejeção mecânica do tecido [37].

3.7. Efeitos fotoquímicos e fotobiológicos

Ao absorver um fotão, uma molécula excitada pode interagir com uma molécula vizinha para causar efeitos fotoquímicos, como a geração de radicais livres e oxigénio singlete, bem como efeitos fotobiológicos, como a destruição de enzimas em vias de sinalização celular, a abertura de canais iónicos e a promoção da expressão de genes específicos. Embora este processo envolva um fotão por molécula, é necessário um grande número de fotões incidentes: o número é aproximadamente igual a A/σa, em que σa é a secção transversal de absorção da molécula (que é facilmente determinada a partir de uma medição da extinção molar). A maioria das moléculas orgânicas que absorvem luz tem coeficientes de extinção de pico de 104-105 M-1 cm-1. Por exemplo, o coeficiente de extinção de pico da rodopsina humana é de 40 000 M-1 cm-1 a 493 nm, pelo que σa = 2 × 10-16cm2. A fluência ótica média necessária para excitar uma molécula de rodopsina (com 63% de probabilidade) é Ep/σa = 2 mJ cm-2, em que Ep é a energia do fotão.

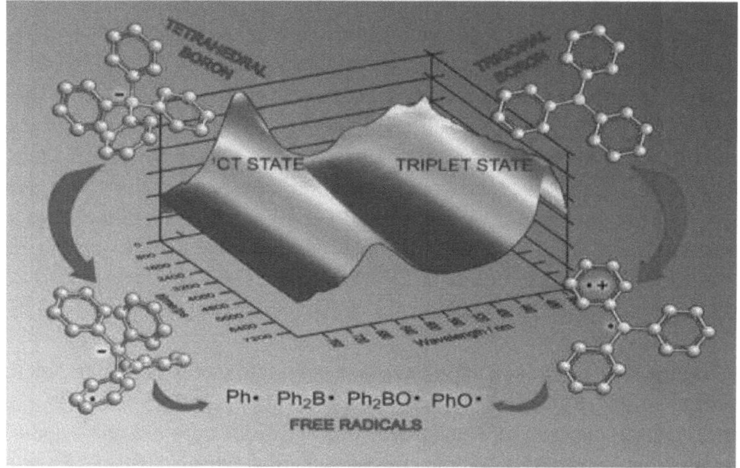

Limites de segurança para diagnóstico e imagiologia. As aplicações de diagnóstico exigem potências ópticas baixas por razões de segurança. Para a radiação ótica, o requisito é quantificado em termos de exposição máxima admissível (MPE), que é definida como um décimo do limiar de danos resultante dos efeitos fototérmicos e fotoquímicos. De acordo com a diretriz padrão [38], os limites de exposição a laser para a pele são dados como 0,02CA J cm-2 para τ = 1-100 ns, e 1,1CA τ0,25 J cm-2 para τ = 100 ns a τ = 10 s (em que o coeficiente empírico CA é 1 para λ = 400-700 nm e aumenta para 5 para λ = 1.050-1.400 nm). Para exposições de τ > 10 s, o EMA é 2CA W cm-2 (neste caso, o EMA é dado em unidades de intensidade porque o equilíbrio térmico é atingido entre o aquecimento induzido por laser e o arrefecimento por condução).

3.8. Outros efeitos.

Vários estudos epidemiológicos observaram que o aumento da exposição solar está associado a uma diminuição do risco de esclerose múltipla [47]. Um estudo em ratos confirmou estes resultados, mostrando que a radiação UVB suprime a progressão da obesidade e da síndrome metabólica, independentemente da suplementação de vitamina D [49].

Luz visível (400-700 nm). Fototerapia para a iterícia neonatal. Os bebés com iterícia são normalmente tratados com fototerapia a 460-490 nm, prevenindo sequelas graves da hiperbilirrubinemia, como lesões neurológicas permanentes [38] (Fig. 3e). A luz azul isomeriza a bilirrubina para facilitar a sua excreção. Nos Estados Unidos, 0,5-4% dos bebés de termo e pré-termo tardio recebem fototerapia antes da alta do berçário. Em locais com poucos recursos, a luz solar filtrada utilizando toldos é uma opção promissora e económica para o tratamento da iterícia neonatal [50].

Terapia com luz brilhante para perturbações do humor. A perturbação afectiva sazonal é uma forma comum de depressão que coincide com dias mais curtos durante os meses de inverno e tem uma prevalência de 0,4-9,9% no Hemisfério Norte [51]. Esta perturbação e outras condições que envolvem uma exposição irregular à luz, como o jet lag, têm sido associadas a alterações cognitivas e do humor, quer através da modulação do sono e dos ritmos circadianos, quer através da ativação direta de vias neurais [52]. Estes mecanismos são mediados por células ganglionares da retina intrinsecamente fotossensíveis que expressam o fotopigmento melanopsina. A terapia com luz brilhante provou ser tão eficaz como a maioria dos medicamentos antidepressivos no tratamento da perturbação afectiva sazonal [53]. De facto, a ativação das células ganglionares por luz azul intensa (480 nm) transmite sinais ao cérebro que suprimem a secreção de melatonina e reiniciam os ritmos circadianos [54]. A terapia com luz brilhante também se revelou promissora para o tratamento da perturbação depressiva major não sazonal [55], mas o mecanismo de ação ainda não é claro.

Tratamento antimicrobiano. A resistência aos antibióticos ameaça cada vez mais a capacidade de tratar eficazmente as infecções bacterianas. A luz azul a 405-470 nm tem sido eficaz no tratamento de uma vasta gama de infecções bacterianas, incluindo a acne vulgar associada ao propion-iba-cterium acnes e a gastrite por Helicobacter pylori em humanos, bem como infecções de feridas por Staphylococcus aureus resistente à meticilina (MRSA) e Pseudomonas aeruginosa em modelos de ratinhos [56, 57]. Pensa-se que o efeito antimicrobiano da luz azul resulta da excitação de porfirinas endógenas nas células bacterianas.

Outros efeitos. Uma exposição insuficiente à luz solar no exterior tem sido associada à prevalência crescente da miopia [58] (estima-se que 2,5 mil milhões de pessoas em todo o mundo serão afectadas por esta doença até 2020). Em apoio a esta observação, verificou-se que uma iluminação ambiente elevada impede o desenvolvimento de miopia em modelos de macacos [59]. Outra aplicação potencial é a utilização de lasers não ablativos em vacinas adjuvantes. O pré-tratamento do local de administração da vacina com luz visível ou NIR melhorou significativamente a eficácia da vacina e aumentou as respostas imunitárias em modelos de ratinhos [60].

Luz infravermelha próxima (700-1.800 nm). Fotobiomodulação. Também conhecida como terapia de luz laser de baixa intensidade (LLLT), a fotobiomodulação utiliza luz vermelha e NIR a 600-1.000 nm, com fluências de 1-10 J cm-2 e intensidade de 3-90 mW cm-2. Estudos clínicos sugeriram que a luz pode estimular as células estaminais epidérmicas no bojo do folículo piloso para promover o crescimento do cabelo [61]. A fotobiomodulação para a cicatrização de feridas, reparação de tecidos e terapia anti-inflamatória [62] demonstrou ser eficaz em modelos animais. Os resultados dos ensaios clínicos têm sido heterogéneos, mas demonstraram potencial terapêutico para a dor cervical [63] e para a lesão cerebral traumática crónica [64]. Isto desencadeia a dissociação do óxido nítrico inibitório do complexo proteico, aumentando assim a síntese de trifosfato de adenosina, que pode ter efeitos benéficos diretos nas células comprometidas e hipóxicas. De facto, foi demonstrado que a foto-biomodulação em polpas dentárias de ratos com luz de onda contínua de 810 nm numa dose total de 3 J cm-2 forma dentina terciária através da diferenciação direta de células estaminais dentárias através da geração de ROS induzida pela luz [65].

Neuromodulação térmica. A modulação ótica da atividade neural ou muscular é cada vez mais explorada como uma opção terapêutica para doenças neurológicas e cardiovasculares. A neuromodulação térmica por luz infravermelha não requer quaisquer agentes exógenos ou intervenções genéticas [66]. O mecanismo envolve a absorção de luz infravermelha (1,8-2,2 μm) pela água, produzindo um aumento transitório da temperatura que altera a capacitância da membrana e despolariza a célula-alvo. A luz laser pulsada (por exemplo, 0,25 ms e 1-2 J cm-2) tem sido utilizada para estimular e controlar os batimentos cardíacos em embriões de codorniz intactos [67] e os nervos cranianos para a monitorização dos nervos durante a cirurgia em modelos de gerbos [68], sem causar danos térmicos aparentes.

3.9. Reticulação fotoquímica.

A reticulação fotoinduzida tem uma variedade de aplicações na engenharia de biomateriais, no fabrico de biochips, na síntese de medicamentos e na cura de compósitos dentários. A polimerização in situ de UV-epoxi é uma técnica comum na clínica dentária. A reticulação do colagénio da córnea com riboflavina e luz UVA (365 nm; 5 J cm-2) é um tratamento para a ectasia da córnea, como o ceratocone69 (a reticulação aumenta a rigidez do estroma da córnea em 50-100%). A sua aplicação pode alargar-se ao reforço de um retalho da córnea ou à correção de erros refractivos através da aplicação de luz padronizada ou da absorção multifotónica. A reticulação fotoquímica pode também ser utilizada para unir fibras de colagénio nativas para ajudar a fechar feridas e para permitir a utilização de biomateriais foto-polimerizáveis como cola cirúrgica [70,71]. Na engenharia de tecidos, a foto-polimerização pode ser utilizada para fabricar construções de tecidos em 3D [72], ou empregue in situ para permitir a restauração de tecidos moles [73].

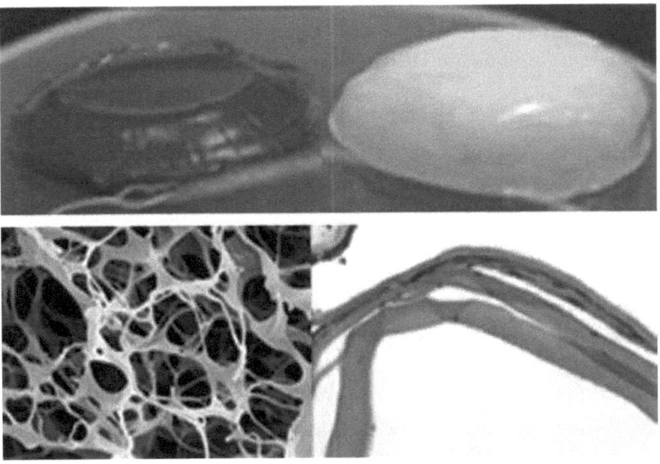

Terapia fotodinâmica. São necessários três componentes para a PDT: um fotossensibilizador, energia luminosa e oxigénio. Após a absorção da luz por um fotossensibilizador exógeno, a energia é transferida deste para o oxigénio molecular, gerando oxigénio singlete e ERO altamente citotóxicos. A eficácia da PDT depende da sua capacidade de atingir as células doentes, poupando as células saudáveis, o que exige uma acumulação selectiva do fotossensibilizador e uma entrega suficiente de energia luminosa ao tecido alvo. Os efeitos antitumorais da PDT resultam da morte direta das células tumorais, da lesão da vasculatura tumoral, que restringe o fornecimento de oxigénio e nutrientes, e da indução de respostas inflamatórias que podem resultar numa imunidade antitumoral sistémica [74,75]. É importante notar que os mecanismos de citotoxicidade da PDT são fundamentalmente distintos dos dos quimioterapêuticos convencionais; este facto pode ser aproveitado em terapias combinadas de PDT e quimioterapia, a fim de ultrapassar a resistência aos medicamentos contra o cancro [76].

A PDT está agora clinicamente aprovada para tratar uma série de cancros, incluindo o da bexiga, pulmão, pele, esófago, cérebro, ovário e vias biliares [75] (Fig. 3f). Em dermatologia, a PDT é normalmente utilizada para a queratose actínica e a acne vulgar, para além dos cancros de pele superficiais não melanoma [77]. A PDT está também aprovada para tratar a degenerescência macular neovascular relacionada com a idade, mas a sua utilização diminuiu desde a disponibilidade da terapêutica anti-fator de crescimento endotelial vascular (anti-VEGF). Fora da clínica, a PDT é utilizada para erradicar vírus e outros agentes patogénicos em produtos sanguíneos. Por exemplo, a TFD com azul de metileno é eficaz na inativação de vírus, incluindo os da hepatite C, VIH-1 e Nilo Ocidental, e desde 1991 tem sido utilizada para tratar mais de 4,4 milhões de unidades de plasma fresco congelado na Europa [78].

A fraca profundidade de penetração da luz visível necessária para a ativação do fotossensibilizador limitou as indicações clínicas da PDT, que atualmente só é utilizada para o tratamento de lesões superficiais ou de lesões acessíveis durante a cirurgia ou através de endoscopia. Para alargar a profundidade terapêutica, estão a ser desenvolvidos fotossensibilizadores que podem ser activados com luz NIR [75,79]. Outra estratégia consiste em fornecer moléculas bioluminescentes diretamente aos tecidos-alvo que são inacessíveis por iluminação externa. Por exemplo, as nanopartículas bioluminescentes podem ativar fotossensibilizadores através da transferência de energia ressonante para tratar metástases de nódulos linfáticos em ratos [80, 81].

Terapia fototérmica. Desde o início dos anos 90, a terapia hipertérmica que utiliza radiofrequência, micro-ondas ou ultra-sons aplicados externamente para aquecer os tumores tem sido utilizada como adjuvante da quimioterapia e da radioterapia para melhorar a resposta ao tratamento

[82]. Em anos mais recentes, a utilização de agentes térmicos, como nanopartículas magnéticas, para localizar seletivamente o calor nas células tumorais visadas, demonstrou um potencial considerável (a terapia fototérmica pode ser eficaz no tratamento de tumores hipóxicos, uma vez que não necessita de oxigénio [83]). As nanopartículas fortemente absorventes, como as nanocápsulas de ouro, podem induzir hipertermia ou ablação térmica. De facto, a tradução clínica destas nanopartículas inorgânicas biodegradáveis tem sido retardada por preocupações quanto à sua biocompatibilidade, depuração e toxicidade a longo prazo. Este facto tem estimulado o desenvolvimento de agentes fototérmicos orgânicos biodegradáveis [85], como as nanopartículas de porfisoma [86].

3.10. Diagnóstico ótico e imagiologia

As tecnologias ópticas são utilizadas ao longo de todo o espetro da medicina de diagnóstico, desde os testes laboratoriais e no local de prestação de cuidados, ao rastreio e diagnóstico por imagem, à monitorização do tratamento e à imagiologia intra-operatória. A imagiologia ótica permite a visualização em tempo real de tecidos e células a elevadas resoluções espaciais com instrumentos relativamente baratos e portáteis, especialmente em comparação com a RM e a TC. Várias tecnologias de imagiologia macroscópica e microscópica foram adoptadas na prática clínica como padrão de tratamento, estão atualmente em fases de adoção clínica ou estão a ser desenvolvidas para translação clínica (Figura)

No bloco operatório, as técnicas cirúrgicas que se baseiam na orientação ótica, como a cirurgia laparoscópica, reduziram o risco de hemorragia e encurtaram o tempo de recuperação dos doentes. A imagiologia ótica intra-operatória proporciona um contraste dos tecidos superior ao que pode ser percepcionado pelo olho humano, resultando em melhores resultados cirúrgicos. Nesta secção, abordamos as tecnologias ópticas que melhoraram a capacidade do médico para detetar, diagnosticar e monitorizar doenças, com destaque para as aplicações que responderam a necessidades clínicas anteriormente não satisfeitas.

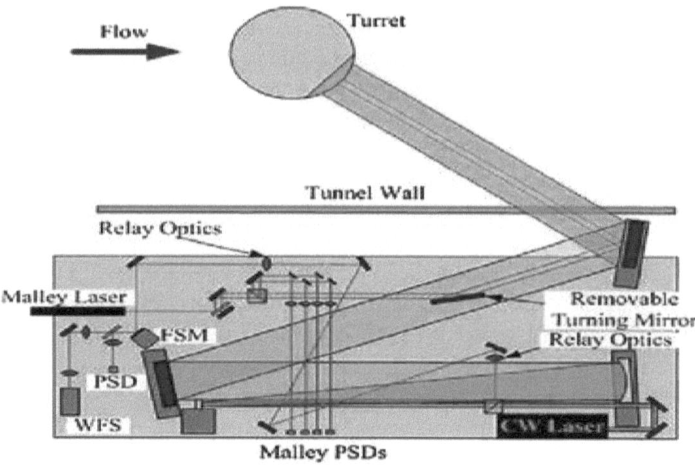

3.11. Testes no local de prestação de cuidados.

As tecnologias ópticas são parte integrante dos cuidados prestados aos doentes, desde os exames físicos de rotina até aos testes de diagnóstico à cabeceira. Instrumentos relativamente simples, como o otoscópio [87] e o oftalmoscópio, melhoram a inspeção visual dos tecidos. A análise da absorção e dispersão da luz pelos constituintes dos tecidos permite a medição de indicadores de diagnóstico importantes, incluindo a hemodinâmica e a presença de biomarcadores específicos. Para além da sua utilização universal em medicina de emergência, a oximetria de pulso tornou-se também um instrumento eficaz de rastreio de defeitos cardíacos congénitos em recém-nascidos [88]. A espetroscopia NIR, que também se baseia na absorção de hemoglobina, é uma ferramenta emergente para a monitorização não invasiva da função cerebral [89]. Estão também a ser desenvolvidas técnicas espectroscópicas sensíveis a alterações nas concentrações de cromóforos celulares para o rastreio do cancro, nomeadamente para o diagnóstico do cancro oral [90]. As técnicas de dispersão dinâmica da luz são cada vez mais adoptadas na clínica para a avaliação rápida e em tempo real da função microvascular [91, 92].

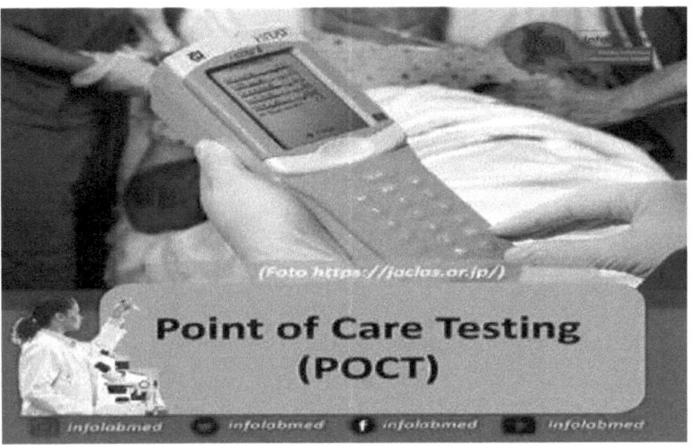

Foram envidados esforços consideráveis no desenvolvimento de tecnologias ópticas para a realização de testes no local de prestação de cuidados em contextos de recursos limitados [93]. A imagiologia computacional sem lentes eliminou a necessidade de componentes ópticos dispendiosos, permitindo o desenvolvimento de plataformas de diagnóstico de baixo custo, portáteis e num chip [94]. Dispositivos ópticos omnipresentes, como as câmaras dos smartphones, podem ser modificados para acrescentar funcionalidades de diagnóstico, como a deteção calorimétrica [95], a deteção multiplexada [96], a microscopia de vídeo [97] e a espetroscopia de alta resolução [98, 99].

3.12. Diagnóstico molecular

As técnicas ópticas têm sido um pilar da análise patológica no laboratório há mais de um século. Por exemplo, a microscopia ótica é utilizada por rotina para analisar esfregaços de sangue periférico para detetar doenças hematológicas. A citometria de fluxo, tipicamente através da triagem de células activadas por fluorescência (FACS), é habitualmente utilizada para a fenotipagem molecular de doenças hematológicas malignas e imunológicas, bem como para a purificação de subpopulações celulares para terapias baseadas em células. O ensaio de imunoabsorção enzimática (ELISA), no qual uma mudança de cor indica a ligação de proteínas específicas, é a norma de ouro para a deteção de anticorpos séricos e de vários biomarcadores de doenças. Para melhorar a sensibilidade da deteção de proteínas, foram propostas várias abordagens ópticas, incluindo a ressonância plasmónica de superfície [100], a dispersão Raman melhorada pela superfície [101] e a deteção por cavidades ópticas ressonantes [102,103]. As recentes inovações na sequenciação genética deram início a uma nova era de medicina de precisão, em que os regimes de tratamento são adaptados aos genótipos dos doentes. As sondas ópticas são ferramentas integrais nas análises genéticas, incluindo a hibridação in situ por fluorescência, os microarrays de ADN e a sequenciação de alto rendimento. É provável que as futuras ferramentas de diagnóstico combinem as capacidades de imagiologia ótica e de sequenciação para captar plenamente a complexidade genética e fenotípica necessária para tratar doenças heterogéneas como o cancro [104,105].

3.12.1. Diagnóstico por imagem

Devido ao seu carácter não-invasivo, à sua alta resolução e aos seus ricos mecanismos de contraste, a imagiologia ótica é uma modalidade de rastreio e diagnóstico estabelecida e em rápido crescimento. De seguida, discutimos brevemente os métodos de imagem ótica mais relevantes do ponto de vista clínico.

3.12.2. Endoscopia

O endoscópio normal de luz branca é um dos instrumentos ópticos mais básicos, mas essenciais, utilizados pelos médicos para examinar os órgãos internos dos doentes, como os tractos gastrointestinal e respiratório [106]. As melhorias nas tecnologias ópticas aumentaram consideravelmente as capacidades da imagiologia endoscópica, o que coincidiu com o rápido crescimento do mercado de equipamento de endoscopia (Fig. 2d), que deverá atingir 38 mil milhões de dólares em 2018. A cromoendoscopia utiliza corantes para ajudar na caraterização dos tecidos, por exemplo, para identificar a mucosa displásica [107]. A imagiologia de banda estreita, que não requer corantes, baseia-se na penetração da luz diferença entre a luz azul e verde (normalmente, 415 e 540 nm) para melhorar a visibilidade dos vasos sanguíneos superficiais e profundos.

3.12.3. Endoscopia por cápsulas

Durante a última década, a vídeo-cápsula endoscópica sem fios tornou-se um instrumento não invasivo cada vez mais popular para o diagnóstico de doenças do intestino delgado [108]. Os endoscópios de cápsula aprovados são constituídos por um sensor de câmara, uma fonte de luz de díodo emissor de luz, uma bateria e um transmissor de radiofrequência sem fios. A cápsula é engolida com água e excretada com os movimentos intestinais. Os endoscópios de cápsula são frequentemente o tratamento de eleição para a hemorragia gastrointestinal obscura em adultos, uma vez que permitem o exame de todo o comprimento do intestino delgado [109]. São cada vez mais utilizados para a avaliação da doença de Crohn e para a deteção de tumores do intestino delgado.

3.12.4. Imagiologia oftálmica.

Uma variedade de instrumentos ópticos é utilizada por rotina para examinar a visão de um doente. Por exemplo, a lâmpada de fenda é utilizada para visualizar os segmentos anterior e posterior do olho. A rotação da lâmpada de fenda em conjunto com uma câmara de Scheimp-flug permite a medição da topografia da córnea e da pressão intraocular através da análise da deformação da córnea em resposta a um sopro de ar aplicado. Outros instrumentos habitualmente utilizados incluem sensores de frente de onda, oftalmoscópios confocais e câmaras de fundo de olho. A tomografia de coerência ótica (OCT) é utilizada para obter imagens de alta resolução da morfologia da córnea e da retina. A OCT é o padrão de tratamento para o diagnóstico de patologias como o glaucoma e a degenerescência macular relacionada com a idade [110]. As imagens de OCT da anatomia da retina estão também a ser exploradas como marcador de doenças neurológicas, incluindo a esclerose múltipla e a doença de Alzheimer.

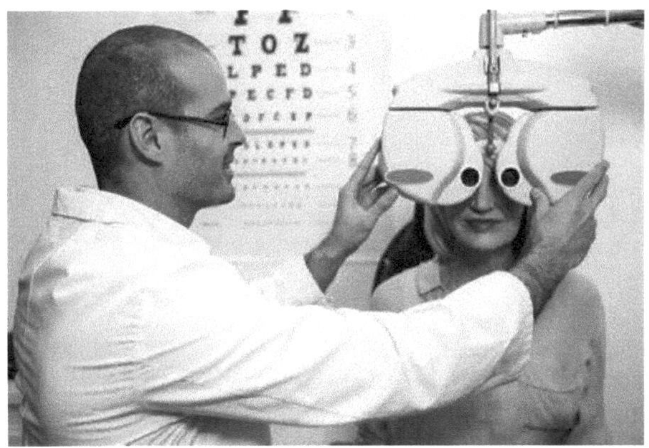

3.12.5. de Coerência Ótica

A OCT é uma modalidade estabelecida para imagiologia não invasiva, de alta resolução e sem rótulos [111]. O mercado global de equipamento de OCT está a crescer, prevendo-se que atinja 1,4 mil milhões de dólares em 2019. A OCT fornece imagens transversais da microestrutura dos tecidos através da medição do atraso do tempo de eco e da intensidade da luz retrodifundida a diferentes profundidades (até 2-3 mm) com uma resolução de 3-15 μm, utilizando normalmente uma fonte de luz de banda larga (800-900 nm) ou um laser de comprimento de onda (1200-1400 nm) [112]. Para além das aplicações oftálmicas, a OCT está clinicamente aprovada para imagiologia intracoronária baseada em cateteres [113], e tem sido utilizada para monitorizar os resultados de stenting intracoronário, para avaliar placas coronárias no tratamento de doentes com síndrome coronário agudo, e para a quantificação exacta da espessura da capa fibrosa como marcador da vulnerabilidade da placa [114]. Outro alvo da OCT é a imagiologia endoscópica do trato gastrointestinal superior [115]. As inovações técnicas que podem melhorar as capacidades diagnósticas da OCT incluem a resolução celular [116], taxas de fotogramas elevadas, medição da birrefringência e multimodalidade [117].

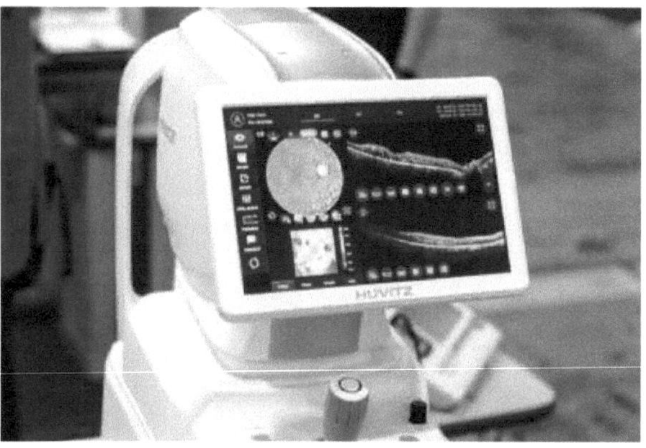

3.12.6. Tomografia ótica difusa.

A tomografia ótica difusa (DOT) é um método isento de etiquetas que utiliza a luz NIR para sondar a concentração de hemoglobinas, água e lípidos nos tecidos através da análise espectroscópica da absorção ótica por estas moléculas. Este método tem sido bem sucedido na monitorização da resposta à quimioterapia neoadjuvante em doentes com cancro da mama [118, 119]. Os doentes que não respondem e os que respondem podem ser diferenciados logo no primeiro dia após a quimioterapia, o que permitiria aos doentes que não respondem alterar as estratégias de tratamento numa fase precoce, evitando assim toxicidades desnecessárias decorrentes de quimioterapia adicional. As assinaturas cromóforas obtidas por DOT podem também ser utilizadas para prever a resposta à quimioterapia neoadjuvante em doentes com cancro da mama antes do tratamento [120]. O DOT combinado com a mamografia de raios X demonstrou potencial para reduzir a taxa de falsos positivos da mamografia convencional [121]. A recente tecnologia DOT também permitiu a neuroimagem funcional do córtex superficial, com imagens de qualidade semelhante às da ressonância magnética funcional (fMRI) [122]. A DOT pode assim ser vantajosa para doentes com implantes incompatíveis com a RM ou para recém-nascidos em cuidados intensivos [123].

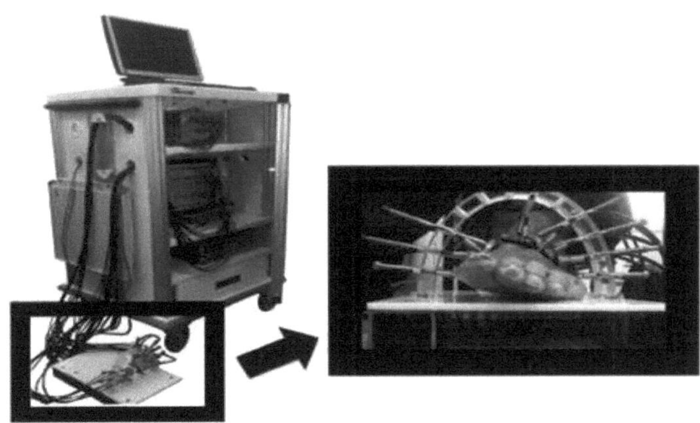

3.12.7. Obtenção de imagens de fluorescência

A endomicroscopia confocal a laser (CLE) [124] utiliza contraste de fluorescência e sondas de feixe de fibras para gerar imagens de alta ampliação da mucosa gastrointestinal. A deteção confocal, ou recolha de luz fluorescente apenas do plano focal iluminado, melhora a resolução espacial em comparação com a endoscopia convencional, permitindo a avaliação da histologia da mucosa. A CLE tem-se revelado promissora na deteção de neoplasias em doentes com esófago de Barrett, bem como na melhoria da sensibilidade em relação à cromoendoscopia na classificação de pólipos colorrectais [125], na avaliação da doença inflamatória intestinal [126] e no diagnóstico do cancro da bexiga [127]. Para a imagiologia molecular, foram utilizados péptidos marcados com fluorescência que se ligam especificamente ao tecido displásico para detetar displasia do cólon [128] e neoplasia do esófago [129]. As lectinas fluorescentes que se ligam ao tecido normal podem também ser utilizadas como agentes de contraste negativos [130].

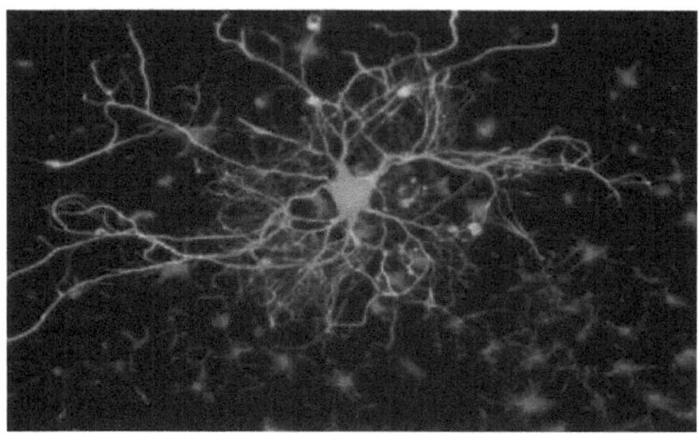

Embora a elevada resolução da CLE permita uma quantificação exacta da imagem, é limitada pelo pequeno campo de visão, que impede o exame eficiente de grandes áreas para detetar lesões. Este facto levou ao desenvolvimento da imagiologia molecular com endoscopia de fluorescência de campo alargado. Por exemplo, a cistoscopia de luz azul com anticorpos CD47 marcados com fluorescência permitiu a deteção de cancro da bexiga em amostras ex vivo [131] e os pólipos colorrectais neoplásicos em seres humanos foram detectados através de péptidos fluorescentes que visam a c-Met [132]. Recentemente, a angio-grafia por fluorescência foi utilizada para visualizar a perfusão dos tecidos em feridas das extremidades, como as úlceras do pé diabético [133].

3.12.8. Microscopias não lineares

A microscopia de dois fotões oferece a vantagem da penetração profunda da luz NIR, bem como a absorção de luz confinada ao plano focal, melhorando o corte ótico nos tecidos. No entanto, a sua utilização tem sido geralmente limitada a amostras de tecidos e à imagiologia de pequenos animais [134] devido à necessidade de um laser de femtosegundo com elevada potência de pico. No entanto, a microscopia de dois fotões tem sido utilizada para o diagnóstico de melanoma maligno em seres humanos através da imagiologia de cromóforos endógenos [135]. Outro objetivo é a imagiologia não invasiva do epitélio pigmentar da retina, em especial dos retinossomas que contêm produtos metabólicos fluorescentes associados à degenerescência macular relacionada com a idade [136]. As técnicas de dispersão Raman não linear permitem a imagiologia sem rótulos de vibrações moleculares intrínsecas, gerando contraste ótico entre lípidos e proteínas [137]. A microescopia por dispersão Raman estimulada foi utilizada para detetar a infiltração de tumores cerebrais em amostras frescas de doentes neurocirúrgicos, demonstrando uma concordância quase perfeita com a microscopia de luz padrão de hematoxilina e eosina [138].

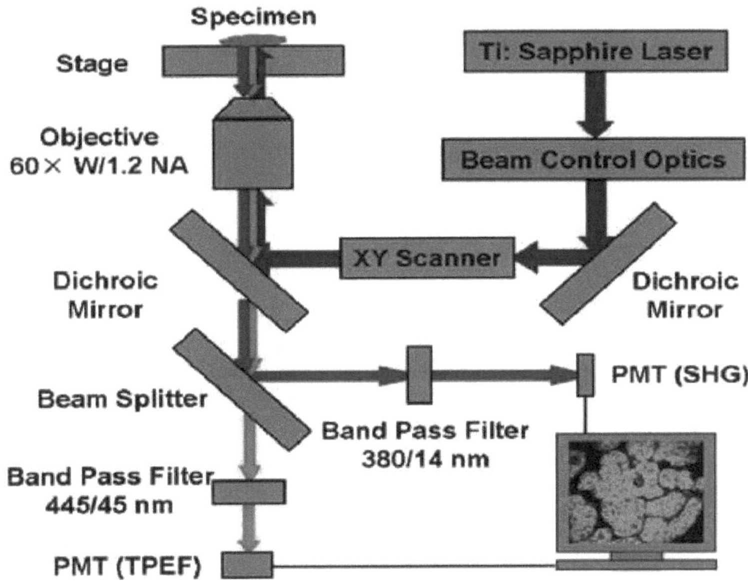

3.12.9. Imagiologia fotoacústica

A imagiologia fotoacústica ou optoacústica baseia-se no efeito fotoacústico, em que a absorção de um conjunto periódico de impulsos laser de nanossegundos induz um aquecimento e arrefecimento cíclico e localizado, gerando ondas de pressão que podem ser detectadas por transdutores de ultra-sons [139]. As suas principais vantagens incluem uma maior penetração em profundidade em comparação com a imagiologia ótica e a imagiologia multiespectral de múltiplos absorventes endógenos ou exógenos. Esta técnica pode ser facilmente integrada em sondas de ultra-sons comerciais para melhorar o contraste da imagem através da deteção de vasculatura ou de agentes de contraste [140]. A sensibilidade também pode ser aproveitada para a deteção in vivo de células tumorais circulantes em modelos de roedores [141]. Em estudos iniciais de imagiologia do cancro da mama em doentes, revelou-se promissora para a imagiologia da vasculatura e da oxigenação do tumor com uma resolução espacial mais elevada do que a DOT [142,143].

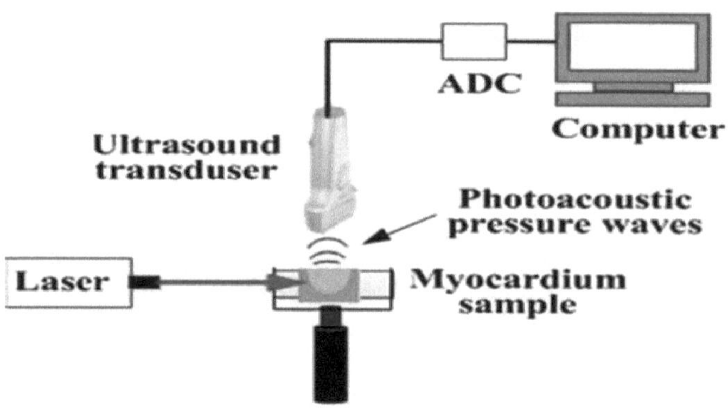

3.13. Referências

[1].   Zaret, M. M. et al. Lesões oculares produzidas por um maser ótico (laser).
        Science 134, 1525-1526 (1961).
[2].   Goldman, L. & Wilson, R. G. Tratamento do epitelioma basocelular por laser
        radiação. JAMA 189, 773-775 (1964).
[3].   Sakimoto, T., Rosenblatt, M. I. & Azar, D. T. Laser eye surgery for
        erros refractivos. Lancet 367, 1432-1447 (2006).
[4].   Marshall, J., Trokel, S., Rothery, S. & Krueger, R. Cura a longo prazo do
        córnea central após queratectomia fotorrefractiva utilizando um exicmer
        laser. Opthalmology 95, 1411-1421 (1988).
[5].   Solomon, K. D. et al. Revisão da literatura mundial sobre LASIK: qualidade de vida e
        satisfação dos pacientes. Ophthalmology 116, 691-701 (2009).
[6].   Palanker, D. V. et al. Cirurgia de cataratas assistida por laser de femtosegundo com
        tomografia de coerência ótica integrada. Sci. Transl. Med. 2, 58 (2010).
[7].   Karabag, R. Y. Lacerações da retina e descolamento regmatogénico da retina após
        injecções intravítreas: prevalência e relatos de casos. Digit. J. Ophthalmol. 21, 8-10 (2015).
[8].   Sternberg, P. Subfoveal neovascular lesions in age-related macular

degenerescência macular. Diretrizes para a avaliação e tratamento da degenerescência macular
estudo de fotocoagulação. Arch. Ophthalmol. 109, 1242-1257 (1991).

[9]. Tanzi, E. L., Lupton, J. R. & Alster, T. S. Lasers em dermatologia: quatro
décadas de progresso. J. Am. Acad. Dermatol. 49, 1-34 (2003).

[10]. Anderson, R. R. & Parrish, J. A. Fototermólise selectiva: precisão
microcirurgia por absorção selectiva de radiação pulsada. Ciência 220, 524-
527 (1983).

[11]. Anderson, R. R. & Parrish, J. A. A microvasculatura pode ser seletivamente
danificadas por lasers de corante: teoria de base e provas experimentais em
pele humana. Lasers Surg. Med. 1, 263-276 (1981).

[12]. Nelson, J. S. et al. Arrefecimento dinâmico da epiderme durante o tratamento com laser pulsado
da mancha de vinho do Porto. Uma nova metodologia com resultados clínicos preliminares
avaliação. Arch. Dermatol. 131, 695-700 (1995).

[13]. Fitzpatrick, R. E., Goldman, M. P., Satur, N. M. & Tope, W. D. Pulsed
laser de dióxido de carbono para rejuvenescimento da pele facial fotoenvelhecida. Arco.
Dermatol. 132, 395-402 (1996).

[14]. Manstein, D., et al. Fototermólise fraccionada: um novo conceito para
remodelação cutânea utilizando padrões microscópicos de lesão térmica. Lasers
Surg. Med. 34, 426-438 (2004).

[15]. Sherling, M. et al. Recomendações consensuais sobre a utilização de um dispositivo de erbium-
dopado com laser fraccionado de 1550 nm e suas aplicações no laser dermatológico
cirurgia. Dermatologic Surg. 36, 461-469 (2010).

[16]. Kositratna, G., Evers, M., Sajjadi, A. & Manstein, D. Rapid fibrin plug
nas lesões cutâneas ablativas com laser de CO2 fraccionado. Lasers Surg. Med. 48, 125-132 (2016).

[17]. Kilmer, S. L. & Anderson, R. R. Utilização clínica do Q-switched ruby e do

Lasers Nd:YAG com Q-switched (1064 nm e 532 nm) para tratamento de
tatuagens. J. Dermatol. Surg. Oncol. 19, 330-338 (1993).
[18].   Brauer, J. A. et al. Tratamento rápido e bem sucedido da tatuagem azul e verde
pigmento com um novo laser de picossegundos. Arch. Dermatol. 148, 820-823
(2012).
[19].   Grossman, M. C., Dierickx, C., Farinelli, W., Flotte, T. & Anderson, R. R.
Danos nos folículos capilares causados por impulsos de laser de rubi de modo normal. J. Am. Acad.
Dermatol. 35, 889-894 (1996).
[20].   Metelitsa, A. I. & Green, J. B. Home-use laser and light devices for the skin:
uma atualização. Semin. Cutan. Med. Surg. 30, 144-147 (2011).
[21].   Jackson, S. D. Towards high-power mid-infrared emission from a fibre
laser. Nat. Photon. 6, 423-431 (2012).
[22].   Gilling, P., Cass, C., Cresswell, M. & Fraundorfer, M. Holmium laser
ressecção da próstata: resultados preliminares de um novo método para a
tratamento da hiperplasia benigna da próstata. Urologia 47, 48-51 (1996).
[23].   Malek, R. S., Kuntzman, R. S. & Barrett, D. M. High-power potassium-
prostatectomia por vaporização com laser de titanil-fosfato (KTP/532): 24 horas
mais tarde. Urology 51, 254-256 (1998).
[24].   Sofer, M. et al. Holmium:YAG laser lithotripsy for upper urinary tract
cálculos em 598 pacientes. J. Urol. 167, 31-34 (2002).
[25].   Ell, C., Lux, G., Hochberger, J., Müller, D. & Demling, L. Laser lithotripsy
de cálculos do ducto biliar comum. Gut 29, 746-751 (1988).
[26].   Wazni, O. et al. Extração de chumbo no contexto contemporâneo: o estudo LExICon
estudo: um estudo observacional retrospetivo de casos consecutivos de
extracções. J. Am. Coll. Cardiol. 55, 579-586 (2010).
[27].   Wilkoff, B. L. et al. Extração de eléctrodos de pacemaker com bainha de laser: resultados

do ensaio PLEXES (pacing lead extraction with the excimer sheath). J.
Am. Coll. Cardiol. 33, 1671-1676 (1999).

[28]. Grundfest, W. S. et al. Ablação por laser da placa aterosclerótica humana
sem lesão dos tecidos adjacentes. J. Am. Coll. Cardiol. 5, 929-933 (1985).

[29]. Min, R. J., Khilnani, N. & Zimmet, S. E. Endovenous laser treatment of
refluxo da veia safena: resultados a longo prazo. J. Vasc. Interv. Radiol. 14, 991-
996 (2003).

[30]. Proebstle, T. M., Moehler, T. & Herdemann, S. Taxas de recanalização reduzidas
da veia safena magna após tratamento com laser endovenoso com aumento de
dosagem de energia: definição de um limiar para a fluência endovenosa
equivalente. J. Vasc. Surg. 44, 834-839 (2006).

[31]. Mccoppin, H. H., Hovenic, W. W. & Wheeland, R. G. Laser treatment of
veias superficiais da perna. Dermatologic Surg. 37, 729-741 (2011).

[32]. Hibst, R. & Keller, U. Estudos experimentais sobre a aplicação do método
Laser Er:YAG em substâncias duras dentárias: I. Medição da ablação
taxa. Lasers Surg. Med. 9, 338-344 (1989).

[33]. Wigdor, H. A. et al. Lasers em medicina dentária. Lasers Surg. Med. 16, 103-133
(1995).

[34]. Strong, M. S. & Jako, G. J. Laser surgery in the larynx. Clínica inicial
experiência com laser de $CO2$ contínuo. Ann. Otol. Rhinol. Laryngol. 81,
792-798 (1972).

[35]. Amin, Z. et al. Metástases hepáticas: fotocoagulação laser intersticial com
monitorização em tempo real por US e avaliação dinâmica do tratamento por TC.
Radiologia 187, 339-347 (1993).

[36]. Mellow, M. H. & Pinkas, H. Endoscopic laser therapy for malignancies

que afectam o esófago e a junção gastroesofágica: análise de dados técnicos

e eficácia funcional. Arq. Intern. Med. 145, 1443-1446 (1985).

[37].   Wahidi, M. M., Herth, F. J. F. & Ernst, A. State of the art: interventional

pneumologia. Chest 131, 261-274 (2007).

[38].   Maisels, M. J. & McDonagh, A. F. Phototherapy for neonatal jaundice. N.

Engl. J. Med. 358, 920-928 (2008).

[39].   Schwarz, T. & Beissert, S. Milestones in photoimmunology. J. Invest.

Dermatol. 133, E7-E10 (2013).

[40]. Gläser, R. et al. A radiação UV-B induz a expressão de substâncias antimicrobianas

em queratinócitos humanos in vitro e in vivo. J. Allergy Clin. Immunol. 123, 1117-1123 (2009).

[41].   Liu, P. T. et al. Recetor do tipo Toll que desencadeia uma ação mediada pela vitamina D em humanos

resposta antimicrobiana. Science 311, 1770-1773 (2006).

[42].   Kripke, M. L. Antigenicidade dos tumores cutâneos murinos induzidos por radiação ultravioleta

luz. J. Natl Cancer Inst. 53, 1333-1336 (1974).

[43]. Stapelberg, M. P. F., Williams, R. B. H., Byrne, S. N. & Halliday, G. M.

A via alternativa do complemento parece ser um sensor UVA que à imunossupressão sistémica. J. Invest. Dermatol. 129, 2694-2701 (2009).

[44]. Lim, H. W. et al. Phototherapy in dermatology: a call for action. J. Am.

Acad. Dermatol. 72, 1078-1080 (2015).

[45].   Johnson-Huang, L. M. et al. Terapia eficaz com radiação UVB de banda estreita

suprime o eixo IL-23/IL-17 em placas de psoríase normalizadas. J. Invest.

Dermatol. 130, 2654-2663 (2010).

[46].   Stern, R. S. Psoralen and ultraviolet A light therapy for psoriasis. N. Engl. J.

Med. 357, 682-690 (2007).

[47].   Norval, M. & Halliday, G. M. As consequências da radiação UV induzida

imunossupressão para a saúde humana. Photochem. Photobiol. 87, 965-977

(2011).

[48]. Becklund, B. R., Severson, K. S., Vang, S.V & DeLuca, H. F. Radiação UV

suprime a encefalomielite autoimune experimental independentemente de

produção de vitamina D. Proc. Natl Acad. Sci. USA 107, 6418-6423 (2010).

[49]. Geldenhuys, S. et al. A radiação ultravioleta suprime a obesidade e os sintomas

da síndrome metabólica, independentemente da vitamina D, em ratinhos alimentados com uma dieta rica em gorduras

dieta. Diabetes 63, 3759-3769 (2014).

[50]. Slusher, T. M. et al. Um ensaio aleatório de fototerapia com filtro

luz solar em recém-nascidos africanos. N. Engl. J. Med. 373, 1115-1124 (2015)

[51]. Anderson, J. L., Glod, C. A., Dai, J., Cao, Y. & Lockley, S. W. Lux vs.

comprimento de onda no tratamento com luz da perturbação afectiva sazonal. Ata Psychiatr.

Scand. 120, 203-212 (2009).

[52]. LeGates, T. A., Fernandez, D. C. & Hattar, S. A luz como central

dos ritmos circadianos, do sono e do afeto. Nat. Rev. Neurosci. 15, 443-454

(2014).

[53]. Golden, R. N. et al. A eficácia da terapia da luz no tratamento do humor

perturbações: uma revisão e meta-análise das provas. Am. J.

Psychiatry 162, 656-662 (2005).

[54]. Lockley, S. W., Brainard, G. C. & Czeisler, C. A. High sensitivity of the

ritmo circadiano humano da melatonina a uma reinicialização por luz de comprimento de onda curto. J.

Clin. Endocrinol. Metab. 88, 4502-4505 (2003).

[55]. Lam, R. W. et al. Eficácia do tratamento com luz brilhante, fluoxetina, e o

em doentes com perturbação depressiva major não sazonal. JAMA

Psychiatry 73, 56-63 (2015).

[56]. Dai, T. et al. A luz azul salva os ratos de uma infeção potencialmente fatal por Pseudomonas

aeruginosa burn infection: eficácia, segurança e mecanismo de ação.

Antimicrob. Agents Chemother. 57, 1238-1245 (2013).

[57]. Dai, T. et al. Luz azul para doenças infecciosas: Propionibacterium acnes,

Helicobacter pylori, e mais além? Drug Resist. Actualizações 15, 233-236
(2012).
[58]. Wu, P. C., Tsai, C. L., Wu, H. L., Yang, Y. H. & Kuo, H. K. Outdoor
a atividade durante o recreio reduz o aparecimento e a progressão da miopia na escola
crianças. Ophthalmology 120, 1080-1085 (2013).
[59]. Smith, E. L., Hung, L. F. & Huang, J. Protective effects of high ambient
iluminação sobre o desenvolvimento da miopia por privação de forma em rhesus
macacos. Investig. Ophthalmol. Vis. Sci. 53, 421-428 (2012).
[60]. Wang, J., Li, B. & Wu, M. X. Influenza cutânea eficaz e sem lesões
vacinação. Proc. Natl Acad. Sci. USA 112, 5005-5010 (2015).
[61]. Avci, P., Gupta, G. K., Clark, J., Wikonkal, N. & Hamblin, M. R. Low-level
terapia laser (luz) (LLLT) para o tratamento da queda de cabelo. Lasers Surg. Med.
Surg. Med. 46, 144-151 (2014).
[62]. Chung, H. et al. The nuts and bolts of low-level laser (light) therapy. Ann.
Biomed. Eng. 40, 516-533 (2012).
[63]. Chow, R. T., Johnson, M. I., Lopes-Martins, R. A. & Bjordal, J. M. Efficacy
da terapia laser de baixa intensidade no tratamento da dor cervical: um estudo sistemático
revisão e meta-análise de estudos aleatórios com placebo ou tratamento ativo
ensaios controlados. Lancet 374, 1897-1908 (2009).
[64]. Naeser, M. A. et al. Melhorias significativas no desempenho cognitivo
tratamentos pós-transcranianos com díodo emissor de luz vermelha/próxima do infravermelho em
lesão cerebral traumática crónica e ligeira: estudo de protocolo aberto. J.
Neurotrauma 31, 1008-1017 (2014).
[65]. Arany, P. R. et al. Photoactivation of eenous latent transforming growth
fator-β1 dirige a diferenciação das células estaminais dentárias para regeneração. Sci.
Transl. Med. 6, 238ra69 (2014).
[66]. Shapiro, M. G., Homma, K., Villarreal, S., Richter, C.-P. & Bezanilla, F.

A luz infravermelha excita as células alterando a sua capacitância eléctrica. Nat.
Commun. 3, 736 (2012).
[67]. Jenkins, M. W. et al. Optical pacing of the embryonic heart (estimulação ótica do coração embrionário). Nat. Photon. 4,
623-626 (2010).
[68]. Teudt, I. U., Nevel, A. E., Izzo, A. D., Walsh, J. T. & Richter, C.-P. Optical
estimulação do nervo facial: um novo controlo
técnica? Laryngoscope 117, 1641-1647 (2007)
[69]. Wollensak, G., Spoerl, E. & Seiler, T. Stress-strain measurements of human
e córneas porcinas após reticulação induzida por riboflavina-ultravioleta-A. J.
Catarata Refract. Surg. 29, 1780-1785 (2003).
[70]. Lang, N. et al. Uma cola cirúrgica resistente ao sangue para reparação minimamente invasiva
de vasos e defeitos cardíacos. Sci. Transl. Med. 6, 218ra6 (2014).
[71]. Roche, E. T. et al. Um cateter balão refletor de luz para tecidos atraumáticos
reparação de defeitos. Sci. Transl. Med. 7, 306ra149 (2015).
[72]. Du, Y., Lo, E., Ali, S. & Khademhosseini, A. Direted assembly of cell-
para o fabrico de construções de tecidos em 3D. Proc. Natl Acad.
Sci. EUA 105, 9522-9527 (2008).
[73]. Hillel, A. T. et al. Biomaterial compósito fotoactivado para tecidos moles
restauração em roedores e em humanos. Sci. Transl. Med. 3, 93ra67 (2011).
[74]. Castano, A. P., Mroz, P. & Hamblin, M. R. Photodynamic therapy and anti-
imunidade tumoral. Nat. Rev. Cancer 6, 535-545 (2006).
[75]. Agostinis, P. et al. Photodynamic therapy of cancer: an update. CA Cancro
J.Clin. 61, 250-281 (2011).
[76]. Spring, B. Q., Rizvi, I., Xu, N. & Hasan, T. O papel da fotodinâmica
na superação da resistência aos medicamentos contra o cancro. Photochem. Photobiol.
Sci. 14, 1476-1491 (2015).
[77]. Wan, M. T. & Lin, J. Y. Evidências e aplicações actuais de
terapia fotodinâmica em dermatologia. Clin. Cosmet. Investig. Dermatol. 7,
145-163 (2014).

[78].   Lozano, M., Cid, J. & Müller, T. H. Plasma tratado com azul de metileno e
     light: eficácia clínica e perfil de segurança. Transfus. Med. Rev. 27, 235-240
     (2013).
[88].   Yang, Y. et al. BODIPY expandido com tienopirrol como um potencial NIR
     fotossensibilizador para terapia fotodinâmica. Chem. Commun. 49, 3940-3942
     (2013).
[89].   Idris, N. M. et al. Terapia fotodinâmica in vivo utilizando a conversão ascendente
     nanopartículas como nanotransdutores com controlo remoto. Nat. Med. 18, 1580-
     1585 (2012)
[90].   Kim, Y. R. et al. Fotodinâmica de tecidos profundos activada por bioluminescência
     terapia do cancro. Theranostics 5, 805-817 (2015).
[91].   Hildebrandt, B. The cellular and molecular basis of hyperthermia. Crit. Rev.
     Oncol. Hematol. 43, 33-56 (2002).
[92].   Jin, C. S., Lovell, J. F., Chen, J. & Zheng, G. Ablação de tumores hipóxicos
     com terapia fototérmica de dose equivalente, mas não fotodinâmica, utilizando um
     montagem de porfirina nanoestruturada. ACS Nano 7, 2541-2550 (2013).
[93].   Huang, X., El-Sayed, I. H., Qian, W. & El-Sayed, M. A. Cancer cell
     imagiologia e terapia fototérmica na região do infravermelho próximo, utilizando ouro
     nanobastões. J. Am. Chem. Soc. 128, 2115-2120 (2006).
[94].   Cheng, L., Yang, K., Chen, Q. & Liu, Z. Organic stealth nanoparticles for
     terapia fototérmica de cancro por infravermelhos próximos altamente eficaz in vivo. ACS
     Nano 6, 5605-5613 (2012).
[95].   Lovell, J. F. et al. Nanovesículas de porfisoma geradas por bicamadas de porfirina
     para utilização como agentes de contraste biofotónicos multimodais. Nat. Mater. 10, 324-332
     (2011).

[96]. Shaikh, N., Hoberman, A., Kaleida, P. H., Ploof, D. L. & Paradise, J. L.
       Diagnóstico de otite média - otoscopia e remoção de cerúmen. N. Engl. J.
       Med. 362, e62 (2010).
[97]. Thangaratinam, S., Brown, K., Zamora, J., Khan, K. S. & Ewer, A. K. Pulse
       rastreio por oximetria de defeitos cardíacos congénitos críticos em pessoas assintomáticas
       recém-nascidos: uma revisão sistemática e uma meta-análise. Lancet 379, 2459-
       2464 (2012).
[98]. Boas, D. A., Elwell, C. E., Ferrari, M. & Taga, G. Twenty years of
       espetroscopia funcional no infravermelho próximo: introdução para o especialista
       edição. Neuroimage 85, 1-5 (2014).
[99].   Schwarz, R. A. et al. Avaliação não-invasiva de lesões orais utilizando a profundidade-
       espetroscopia ótica sensível. Cancro 115, 1669-1679 (2009)
[100]. Humeau-Heurtier, A., Guerreschi, E., Abraham, P. & Mahé, G. Relevância
       das técnicas laser doppler e laser speckle para a avaliação da função vascular
       função: estado da arte e tendências futuras. IEEE Trans. Biomed. Eng. 60,
       659-666 (2013).
[101]. Bolay, H. et al. A atividade cerebral intrínseca desencadeia a meninge trigeminal
       aferentes num modelo de enxaqueca. Nat. Med. 8, 136-142 (2002).
[102]. Boppart, S. A. & Richards-Kortum, R. Point-of-care and point-of-procedure
       tecnologias de imagiologia ótica para cuidados primários e saúde global. Sci. Transl.
       Med. 6, 253rv2 (2014).
[103]. Greenbaum, A. et al. Imagens computacionais de campo alargado de lâminas patológicas
       utilizando microscopia no chip sem lentes. Sci. Transl. Med. 6, 267ra175 (2014).
[104]. Shen, L., Hagen, J. A. & Papautsky, I. Deteção colorimétrica no local de prestação de cuidados
       com um smartphone. Lab Chip 12, 4240-4243 (2012).
[105]. Ming, K. et al. Dispositivo ótico para smartphone com código de barras de pontos quânticos integrado

para o diagnóstico multiplexado sem fios de doentes infectados. ACS Nano 9, 3060-
3074 (2015).

[106]. Ambrosio, M. V. D. et al. Point-of-care quantification of blood-borne filarial
parasitas com um microscópio de telemóvel. Sci. Transl. Med. 7, 286re4
(2015).

[107]. Bao, J. & Bawendi, M. G. A colloidal quantum dot spectrometer. Nature 523, 67-70 (2013).

[108]. Shelton, R. L. et al. Optical coherence tomography for advanced screening
no consultório de cuidados primários. J. Biophotonics 7, 525-533 (2014).

[109]. de la Rica, R. & Stevens, M. M. Plasmonic ELISA for the ultrasensitive
deteção de biomarcadores de doenças a olho nu. Nat. Nanotech. 8, 1759-1764 (2012).

[110]. Chen, Z. et al. Microarrays de proteínas com nanotubos de carbono como
Etiquetas Raman. Nat. Biotechnol. 26, 1285-1292 (2008).

[111]. Armani, A. M., Kulkarni, R. P., Fraser, S. E., Flagan, R. C. & Vahala, K. J.
Deteção com microcavidades ópticas. Science 317, 783-787 (2007).

[112]. Fan, X. & Yun, S.-H. The potential of optofluidic biolasers. Nat. Methods 11, 141-147 (2014).

[113]. Crosetto, N., Bienko, M. & van Oudenaarden, A. Spatially resolved transcriptómica e mais além. Nat. Rev. Genet. 16, 57-66 (2015).

[114]. Friedman, A. A., et al. Precisionmedicine for cancer with next-generation
diagnóstico funcional. Nat. Rev. Cancer 15, 747-756 (2015).

[115]. Veitch, A. M., Uedo, N., Yao, K. & East, J. E. Optimizing early upper
deteção do cancro gastrointestinal por endoscopia. Nat. Rev. Gastroenterol.
Hepatol. 12, 660-667 (2015).

[116]. Deepak, P. et al. Incremental diagnostic yield of chromoendoscopy and
resultados em doentes com doença inflamatória intestinal com um historial de
displasia colorrectal na endoscopia de luz branca. Gastrointest. Endosc. 83,
1005-1012 (2016).

[117]. Iddan, G., Meron, G., Glukhovsky, A. & Swain, P. Wireless capsule
endoscopia. Nature 405, 417 (2000).
[118]. Liao, Z., Gao, R., Xu, C. & Li, Z.-S. Indicações e deteção,
conclusão,
e taxas de retenção da endoscopia com cápsula do intestino delgado:
um estudo sistemático
revisão. Gastrointest. Endosc. 71, 280-286 (2010).
[119]. Drexler, W. & Fujimoto, J. G. State-of-the-art retinal optical
coherence
tomografia. Prog. Retin. Eye Res. 27, 45-88 (2008).
[120]. Huang, D. et al. Optical coherence tomography. Science 254, 1178-
1181
(1991).
[121]. Yun, S. H. et al. Comprehensive volumetric optical microscopy in
vivo. Nat.
Med. 12, 1429-1433 (2006).
[122]. Tearney, G. J. et al. Consensus standards for acquisition,
measurement, and
relatórios de estudos de tomografia de coerência ótica
intravascular: um relatório
do Grupo de Trabalho Internacional para a Coerência Ótica
Intravascular
Padronização e validação de tomografia. J. Am. Coll. Cardiol. 59,
1058-1072 (2012).
[123]. Prati, F. et al. Documento de revisão por peritos, parte 2:
metodologia, terminologia
e aplicações clínicas da tomografia de coerência ótica para a
avaliação dos procedimentos de intervenção. Eur. Heart J. 33,
2513-2520
(2012).
[124]. Bouma, B. E., Tearney, G. J., Compton, C. C. & Nishioka, N. S.
High-
imagens de resolução do esófago e estômago humanos in vivo
utilizando
tomografia de coerência ótica. Gastrointest. Endosc. 51, 467-474
(2000).
[125]. Liu, L. et al. Imagiando a estrutura subcelular da coronária humana
aterosclerose utilizando a tomografia de coerência micro-ótica.
Nat. Med. 17,
1010-1014 (2011).
[126]. Yoo, H. et al. Cateter intra-arterial para a análise simultânea de
microestruturas e
imagiologia molecular in vivo. Nat. Med. 17, 1680-1684 (2011).

[127]. Roblyer, D. et al. Optical imaging of breast cancer oxyhemoglobin flare
correlaciona-se com a resposta à quimioterapia neoadjuvante um dia após o início da
tratamento. Proc. Natl Acad. Sci. USA 108, 14626-14631 (2011).

[128]. Schaafsma, B. E. et al. Mamografia ótica utilizando a ótica difusa espetroscopia para monitorizar a resposta do tumor à quimioterapia neoadjuvante em mulheres com cancro da mama localmente avançado. Clin. Cancer Res. 21, 577-584 (2015).

[129]. Jiang, S. et al. Previsão da resposta do tumor da mama ao tratamento neoadjuvante quimioterapia com tomografia espectroscópica ótica difusa antes da tratamento. Clin. Cancer Res. 20, 6006-6015 (2014).

[130]. Fang, Q. et al. Tomossíntese mamária combinada ótica e de raios X imagiologia. Radiologia 258, 89-97 (2011).

[131]. Eggebrecht, A. T. et al. Mapeamento de redes e funções cerebrais distribuídas com tomografia ótica difusa. Nat. Photon. 8, 448-454 (2014).

[132]. White, B. R., Liao, S. M., Ferradal, S. L., Inder, T. E. & Culver, J. P. Imagens ópticas à beira do leito da conetividade funcional occipital em estado de repouso em neonatos. Neuroimage 59, 2529-2538 (2012).

[133]. Kiesslich, R. et al. Confocal laser endoscopy for diagnosing intraepithelial neoplasias e cancro colorrectal in vivo. Gastroenterologia 127, 706-713 (2004).

[134]. Buchner, A. M. et al. Comparação de sondas confocais a laser endomicroscopia com cromoendoscopia virtual para classificação do cólon pólipos. Gastroenterology 138, 834-842 (2010).

[135]. Moussata, D. et al. A endomicroscopia confocal a laser é um novo método de imagiologia modalidade para o reconhecimento de bactérias intramucosas no intestino inflamatório doença in vivo. Gut 60, 26-33 (2011).

[136]. Sonn, G. A. et al. Biópsia ótica da neoplasia da bexiga humana com in

endomicroscopia confocal a laser in vivo. J. Urol. 182, 1299-1305 (2009).

[137]. Hsiung, P.-L. et al. Deteção de displasia do cólon in vivo utilizando um
heptapeptídeo e microendoscopia confocal. Nat. Med. 14, 454-458 (2008).

[138]. Sturm, M. B. et al. Imagiologia direcionada para a neoplasia esofágica com um
peptídeo marcado com fluorescência: primeiros resultados em humanos. Sci. Transl. Med. 5,
184ra61 (2013).

[139]. Bird-Lieberman, E. L. et al. Imagiologia molecular utilizando lectinas fluorescentes
permite a identificação endoscópica rápida de displasia na doença de Barrett
esófago. Nat. Med. 18, 315-321 (2012).

[140]. Pan, Y. et al. Imagiologia molecular endoscópica do cancro da bexiga humano utilizando
um anticorpo CD47. Sci. Transl. Med. 6, 260ra148 (2014).

[141]. Burggraaf, J. et al. Deteção de pólipos colorrectais em humanos utilizando um
peptídeo fluorescente administrado por via intravenosa contra a c-Met. Nat.
Med. 21, 955-961 (2015).

[142]. Fitzgerald, R. Avaliando o impacto potencial da angiografia fluorescente em
prevenir a perda de membros. Pod.
Today 29, http://www.podiatrytoday.com/assessing-potent (2016).

[143]. Choi, M., Kwok, S. J. J. & Yun, S. H. Microscopia de fluorescência in vivo:
lições da observação do comportamento das células no seu ambiente nativo.
Physiology 30, 40-49 (2015).

Capítulo (4)
Eletrónica automóvel

4.1. Prefácio

A eletrónica automóvel é constituída por sistemas electrónicos utilizados em veículos, incluindo a gestão do motor, a ignição, o rádio, os computadores de bordo, a telemática, os sistemas de entretenimento para automóveis e outros. A eletrónica da ignição, do motor e da transmissão também se encontra em camiões, motociclos, veículos todo-o-terreno e outras máquinas de combustão interna, como empilhadores, tractores e escavadoras. Os elementos relacionados para o controlo de sistemas eléctricos relevantes também se encontram em veículos híbridos e automóveis eléctricos.

Os sistemas electrónicos têm vindo a tornar-se uma componente cada vez mais importante do custo de um automóvel, passando de apenas cerca de 1% do seu valor em 1950 para cerca de 30% em 2010 [1]. Os automóveis eléctricos modernos dependem da eletrónica de potência para o controlo do motor de propulsão principal, bem como para a gestão do sistema de baterias. Os automóveis autónomos futuros dependerão de sistemas informáticos potentes, de uma série de sensores, da ligação em rede e da navegação por satélite, todos eles exigindo eletrónica.

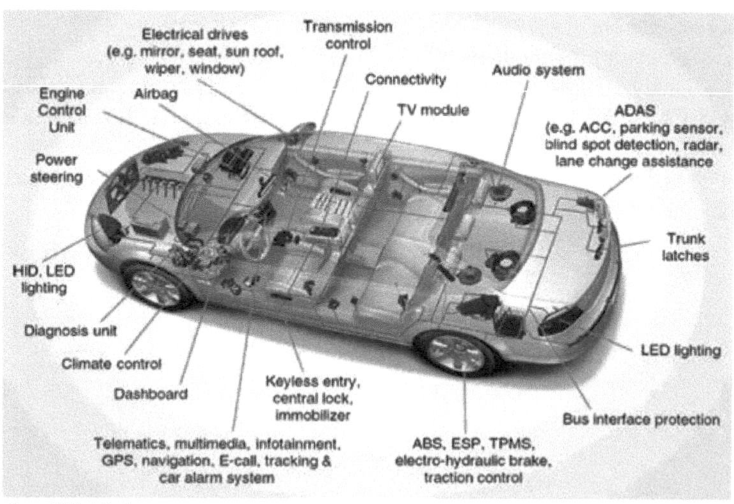

4.2. História

Os primeiros sistemas electrónicos disponíveis como instalações de fábrica foram os auto-rádios tubo de vácuo, a partir do início da década de 1930. O desenvolvimento de semicondutores após a Segunda Guerra Mundial expandiu grandemente a utilização da eletrónica nos automóveis, com díodos de estado sólido a tornarem o alternador automóvel o padrão após cerca de 1960, e os primeiros sistemas de ignição transistorizados a aparecerem em 1963 [2].

O aparecimento da tecnologia de semicondutores de óxido metálico (MOS) levou ao desenvolvimento da eletrónica automóvel moderna [3]. O MOSFET foi inventado nos Laboratórios Bell entre 1955 e 1960, depois de Frosch e Derick terem descoberto a passivação de superfície por dióxido de silício e terem utilizado a sua descoberta para criar os primeiros transístores planares, os primeiros transístores de efeito de campo em que o dreno e a fonte estavam adjacentes na mesma superfície. Dawon Kahng resumiu o feito num memorando dos Bell Labs: E. E. LaBate e E. I. Povilonis, que fabricaram o dispositivo; M. O. Thurston, L. A. D'Asaro e J. R. Ligenza, que desenvolveram os processos de difusão, e H. K. Gummel e R. Lindner, que caracterizaram o dispositivo [10, 11]. Isto levou ao desenvolvimento do MOSFET de potência pela Hitachi em 1969 [12], e do microprocessador de chip único por Federico Faggin, Marcian Hoff, Masatoshi Shima e Stanley Mazor na Intel em 1971 [13].

O desenvolvimento de pastilhas de circuitos integrados MOS (MOS IC) e de microprocessadores tornou economicamente viável uma série de aplicações automóveis na década de 1970. Em 1971, a Fairchild Semiconductor e os Laboratórios RCA propuseram a utilização de pastilhas de integração em grande escala (LSI) MOS para uma vasta gama de aplicações electrónicas para automóveis, incluindo uma unidade de controlo da transmissão (TCU), controlo adaptativo da velocidade de cruzeiro (ACC), alternadores, reguladores automáticos da intensidade luminosa dos faróis, bombas de combustível eléctricas, injeção eletrónica de combustível, controlo eletrónico da ignição, tacómetros electrónicos, sinais de mudança de direção sequenciais, indicadores de velocidade, monitores de pressão dos pneus, reguladores de tensão, controlo do limpa para-brisas, prevenção eletrónica de derrapagens (ESP) e aquecimento, ventilação e ar condicionado (AVAC) [14].

No início dos anos 70, a indústria eletrónica japonesa começou a produzir circuitos integrados e microcontroladores para a indústria automóvel japonesa, utilizados para entretenimento no automóvel, limpa para-brisas automáticos, fechaduras electrónicas, painel de instrumentos e controlo do motor [15]. O sistema EEC da Ford(Electronic Engine

Control) , que utilizava o microprocessador Toshiba TLCS-12 PMOS, entrou em produção em massa em 1975 [16, 17]. Em 1978, o Cadillac Seville apresentava um "computador de bordo" baseado num microprocessador 6802. Os sistemas de ignição e de injeção de combustível controlados eletronicamente permitiram aos projectistas de automóveis obter veículos que satisfaziam os requisitos de economia de combustível e de redução das emissões, mantendo simultaneamente elevados níveis de desempenho e de comodidade para os condutores [18].

O MOSFET de potência e o microcontrolador, um tipo de microcomputador de um só chip, conduziram a avanços significativos na tecnologia dos veículos eléctricos. Os conversores de potência MOSFET permitiram o funcionamento a frequências de comutação muito mais elevadas, facilitaram a condução, reduziram as perdas de potência e reduziram significativamente os preços, enquanto os microcontroladores de circuito integrado podiam gerir todos os aspectos do controlo da condução e tinham capacidade para gerir a bateria. Os MOSFET são utilizados em veículos [19], como automóveis [20], carros [21], camiões [20], veículos eléctricos [3] e carros inteligentes [22]. Os MOSFET são utilizados para a unidade de controlo eletrónico (ECU) [23], enquanto os MOSFET de potência e os IGBT são utilizados como controladores de carga para cargas automóveis, como motores, solenóides, bobinas de ignição, relés, aquecedores e lâmpadas [19].

Outra tecnologia importante que permitiu a construção de automóveis eléctricos modernos com capacidade para circular nas auto-estradas é a bateria de iões de lítio [24]. Foi inventada por John Good-enough, Rachid Yazami e Akira Yoshino na década de 1980 [25], e comercializada pela Sony e Asahi Kasei em 1991 [26]. A bateria de iões de lítio foi responsável pelo desenvolvimento de veículos eléctricos capazes de percorrer longas distâncias, na década de 2000 [24].

4.3. Tipos

A eletrónica automóvel ou os sistemas incorporados para automóveis são sistemas distribuídos e, de acordo com os diferentes domínios do sector automóvel, podem ser classificados em

- Eletrónica do motor
- Eletrónica de transmissão
- Eletrónica do chassis
- Segurança passiva
- Assistência ao condutor

-   Conforto dos passageiros
-   Sistemas de entretenimento
-   Sistemas electrónicos integrados no cockpit

Em média, um automóvel da década de 2020 tem 50-150 chips, de acordo com Chris Isidore da CNN Business [27].

4.3.1. Eletrónica do motor

Uma das partes electrónicas mais exigentes de um automóvel é a unidade de controlo do motor (ECU). Os controlos do motor exigem um dos prazos mais elevados em tempo real, uma vez que o próprio motor é uma parte muito rápida e complexa do automóvel. De todos os componentes electrónicos de um automóvel, a potência de computação da unidade de controlo do motor é a mais elevada, normalmente um processador de 32 bits.

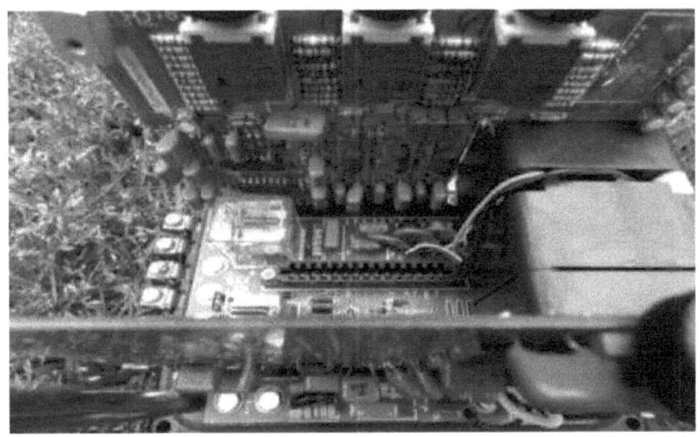

**Um automóvel moderno pode ter até 100 UCE e um
veículo comercial até 40.**

Uma ECU do motor controla funções como:

-   Num motor diesel:
-   Taxa de injeção de combustível
-   Controlo de emissões, controlo de NOx
-   Regeneração do catalisador de oxidação
-   Controlo do turbocompressor
-   Controlo do sistema de arrefecimento
-   Controlo do acelerador

Num motor a gasolina:

- Controlo lambda
- OBD (Diagnóstico a bordo)
- Controlo do sistema de arrefecimento
- Controlo do sistema de ignição
- Controlo do sistema de lubrificação (apenas alguns têm controlo eletrónico)
- Controlo da taxa de injeção de combustível
- Controlo do acelerador

Muitos outros parâmetros do motor são ativamente monitorizados e controlados em tempo real. Existem cerca de 20 a 50 sensores que medem a pressão, a temperatura, o fluxo, a velocidade do motor, o nível de oxigénio e o nível de NOx, bem como outros parâmetros em diferentes pontos do motor. Todos estes sinais dos sensores são enviados para a UCE, que possui os circuitos lógicos para efetuar o controlo efetivo. A saída da ECU está ligada a diferentes actuadores para a válvula de borboleta, a válvula EGR, a cremalheira (nos VGT), o injetor de combustível (utilizando um sinal modulado por largura de impulso), o injetor de dosagem e outros. Existem cerca de 20 a 30 actuadores no total.

4.3.2. Eletrónica de transmissão

Estes controlam o sistema de transmissão, principalmente a mudança de velocidades para um melhor conforto de mudança e para reduzir a interrupção do binário durante a mudança. As transmissões automáticas utilizam comandos para o seu funcionamento e também muitas transmissões semi-automáticas com uma embraiagem totalmente automática ou uma embraiagem semi-automática (apenas desembraiagem). A unidade de controlo do motor e o controlo da transmissão trocam mensagens, sinais de sensores e sinais de controlo para o seu funcionamento.

4.3.3. Eletrónica do chassis

O sistema de quadro tem uma série de subsistemas que monitorizam vários parâmetros e são ativamente controlados:

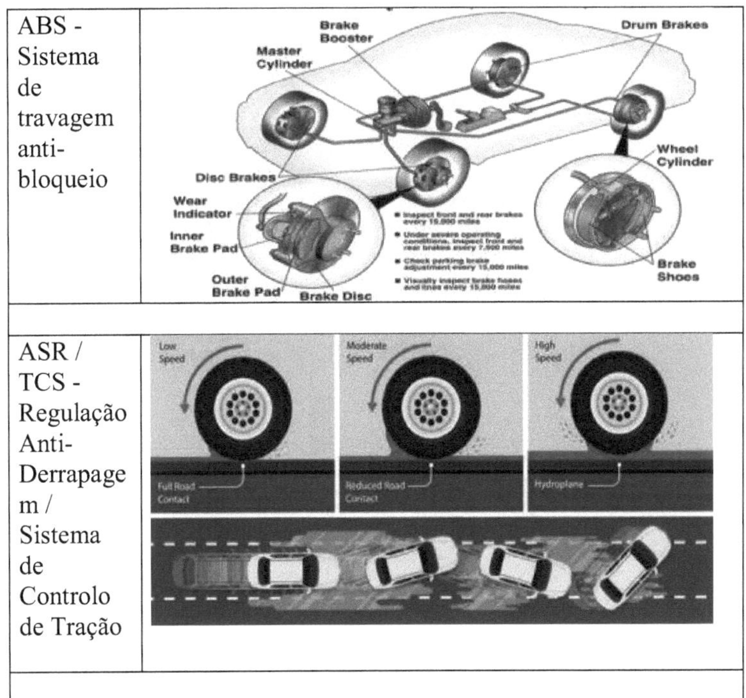

ABS - Sistema de travagem anti-bloqueio	
ASR / TCS - Regulação Anti-Derrapagem / Sistema de Controlo de Tração	

BAS - Assistência à travagem	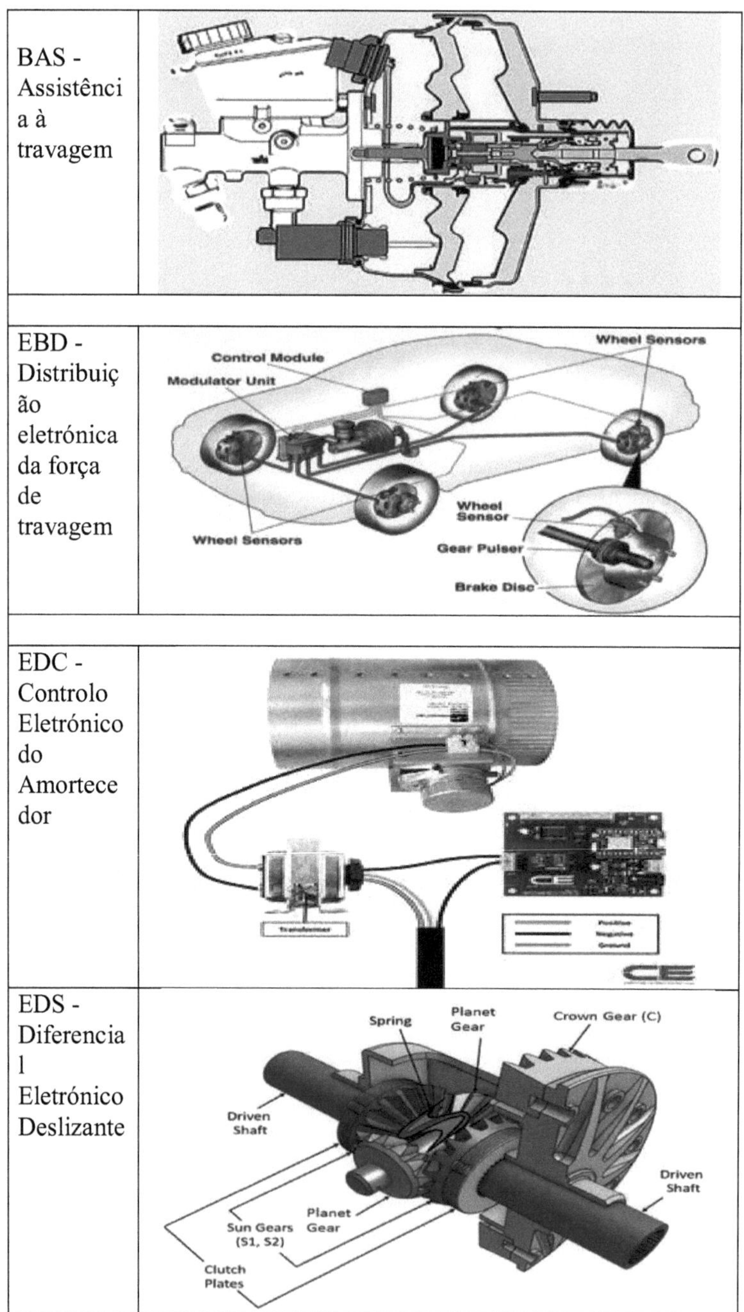
EBD - Distribuição eletrónica da força de travagem	
EDC - Controlo Eletrónico do Amortecedor	
EDS - Diferencial Eletrónico Deslizante	

ESP - Programa Eletrónico de Estabilidade	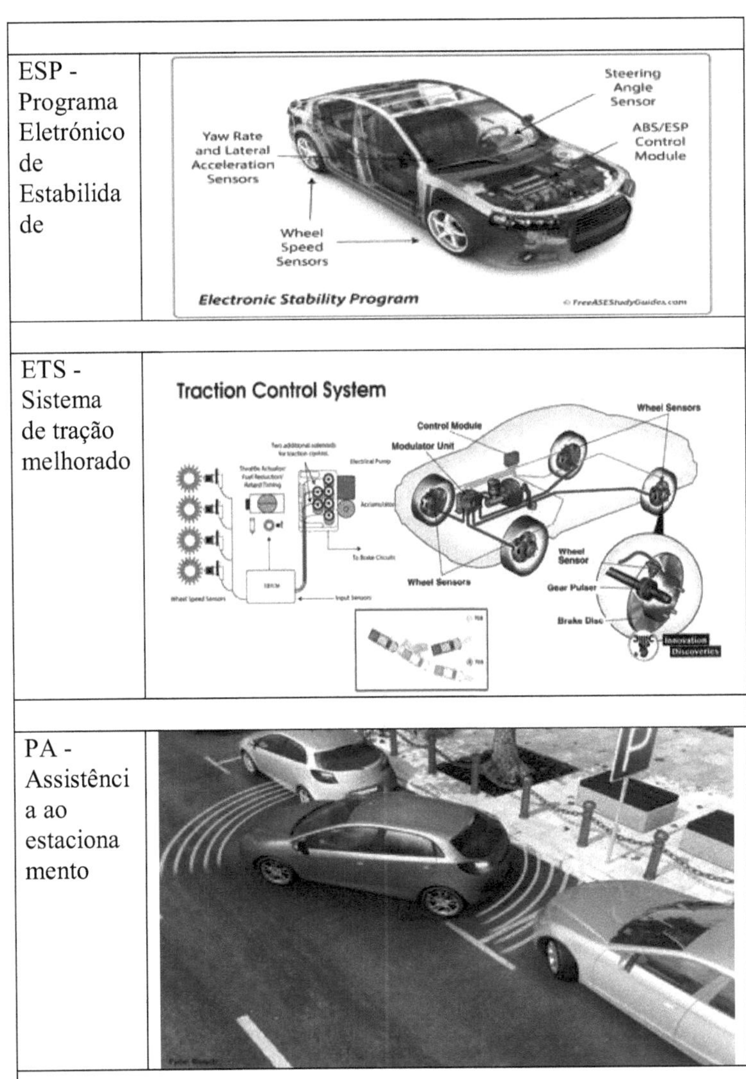
ETS - Sistema de tração melhorado	
PA - Assistência ao estacionamento	

4.3.4. Segurança passiva

Estes sistemas estão sempre prontos a atuar quando há uma colisão em curso ou a evitá-la quando detectam uma situação perigosa:

Almofadas de ar	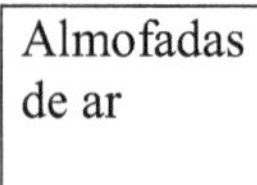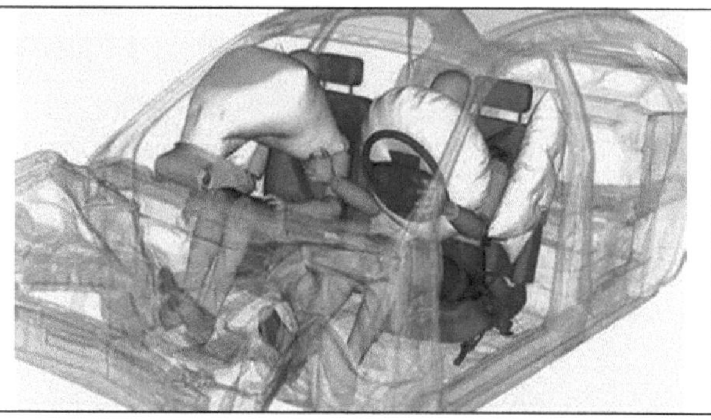
Controlo de descida de colinas	
Sistema de assistência à travagem de emergência	

4.3.5. Assistência ao condutor

Sistemas de assistência na faixa de rodagem	
Sistema de assistência à velocidade	
Deteção de ângulo morto	
- Sistema de assistência ao estacionamento	

- Sistema de controlo de velocida de de cruzeiro adaptati vo	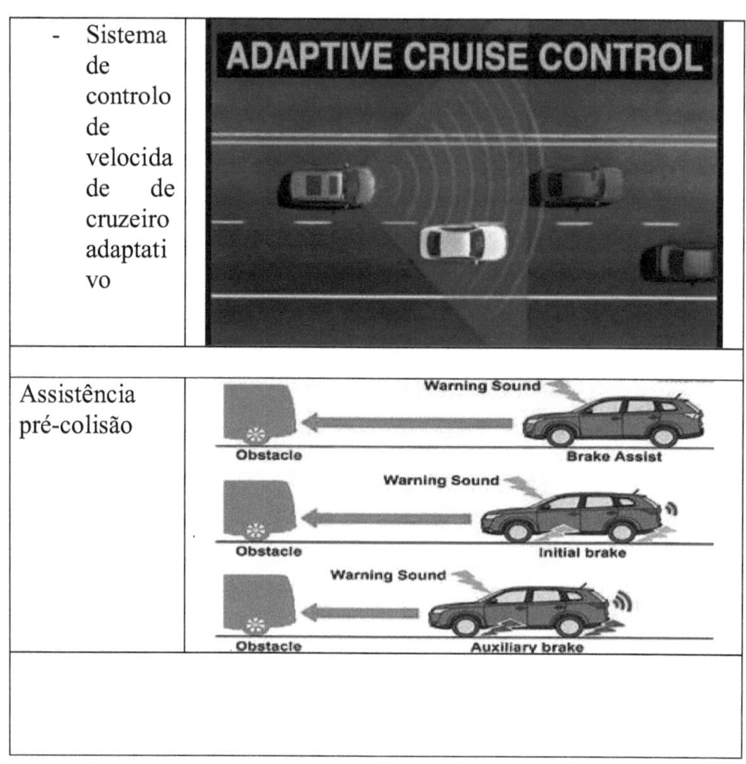

Assistência pré-colisão	

4.3.6. Conforto dos passageiros

Controlo automático do clima	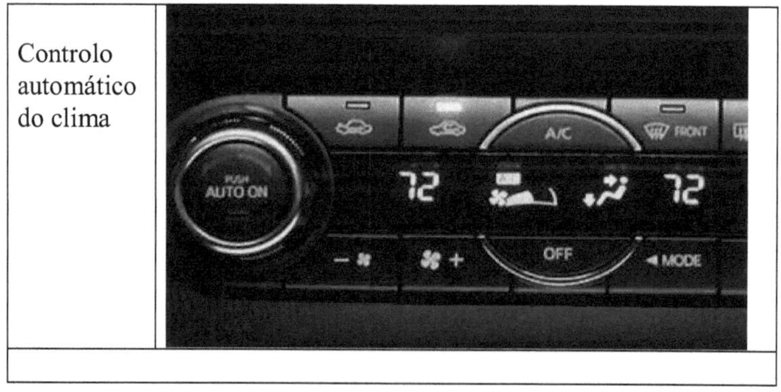

Ajuste eletrónico dos bancos com memória	
Limpa para-brisas automáticos	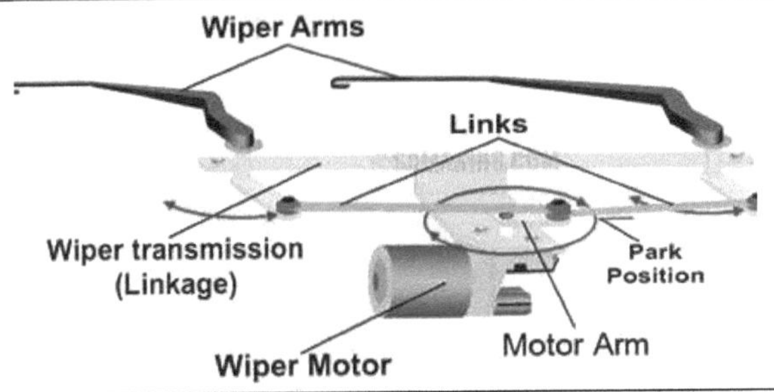
Faróis automáticos - ajustam o feixe automaticamente	
Arrefecimento automático - regulação da temperatura	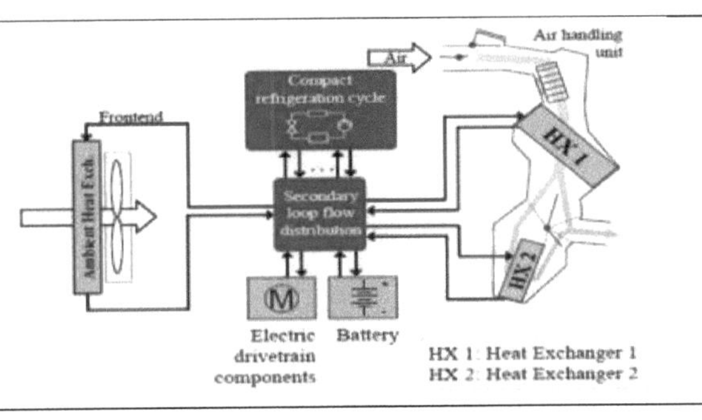

4.3.7. Sistemas de entretenimento

Sistema de navegação	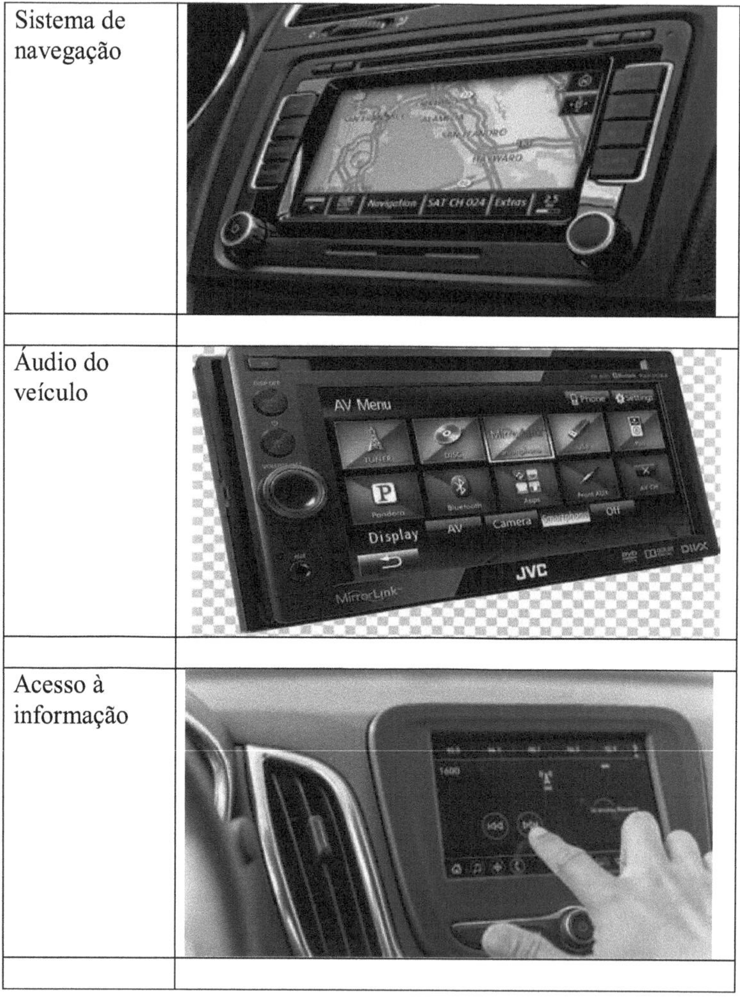
Áudio do veículo	
Acesso à informação	

Todos os sistemas acima referidos constituem um sistema de informação e lazer. Os métodos de desenvolvimento destes sistemas variam consoante o fabricante. São utilizadas diferentes ferramentas para o desenvolvimento de hardware e software.

4.4. Sistemas electrónicos integrados no cockpit

sistemas avançados de assistência ao condutor Trata-se de uma nova geração de UCE híbridas que combinam as funcionalidades de várias UCE da unidade central de informação e lazer, dos (ADAS), do painel de instrumentos, da câmara traseira/assistência ao estacionamento, dos sistemas de visão panorâmica, etc. Isto permite poupar no custo da eletrónica e das peças mecânicas/físicas, como as interligações entre ECUs, etc. Existe também um controlo mais centralizado, pelo que os dados podem ser trocados sem problemas entre os sistemas.

É claro que também existem desafios. Dada a complexidade deste sistema híbrido, é necessário muito mais rigor para validar a robustez, a segurança e a proteção do sistema. Por exemplo, se a aplicação do sistema de informação e lazer, que pode estar a executar um sistema operativo Android de código aberto, for violada, pode haver a possibilidade de os piratas informáticos assumirem o controlo do automóvel remotamente e, potencialmente, utilizarem-no indevidamente para actividades anti-sociais. Normalmente, utilizam-se hipervisores de hardware e software para virtualizar e criar zonas de confiança e segurança separadas que são imunes a falhas ou violações mútuas. Muito trabalho está a ser feito nesta área e, potencialmente, em breve teremos esses sistemas, se é que já não os temos.

4.5. Requisitos de segurança funcional

Para minimizar o risco de falhas perigosas, os sistemas electrónicos relacionados com a segurança têm de ser desenvolvidos de acordo com os requisitos de responsabilidade pelo produto aplicáveis. O desrespeito ou a aplicação inadequada destas normas pode levar não só a lesões pessoais, mas também a graves consequências legais e económicas, como o cancelamento ou a recolha de produtos.

A norma IEC 61508, geralmente aplicável a produtos eléctricos/electrónicos/programáveis relacionados com a segurança, é apenas parcialmente adequada aos requisitos de desenvolvimento da indústria automóvel. Consequentemente, para a indústria automóvel, esta norma é substituída pela ISO 26262, atualmente publicada como projeto final de norma internacional (FDIS). A ISO/DIS 26262 descreve todo o ciclo de vida do produto de sistemas eléctricos/electrónicos relacionados com a segurança para veículos rodoviários. Foi publicada como norma internacional na sua versão final em novembro de 2011.

4.6. Segurança

À medida que mais funções do automóvel são ligadas a redes de curto ou longo alcance, é necessária a cibersegurança dos sistemas contra modificações não autorizadas. Com sistemas críticos como os controlos do motor, a transmissão, os airbags e os travões ligados a redes de diagnóstico internas, o acesso remoto pode levar a que um intruso mal intencionado altere o funcionamento dos sistemas ou os desactive, podendo causar ferimentos ou mortes. Cada nova interface apresenta uma nova "superfície de ataque". O mesmo recurso que permite ao proprietário desbloquear e ligar um automóvel a partir de uma aplicação para smartphone também apresenta riscos devido ao acesso remoto. Os fabricantes de automóveis podem proteger a memória de vários microprocessadores de controlo, tanto para os proteger de alterações não autorizadas como para garantir que apenas as instalações autorizadas pelo fabricante possam diagnosticar ou reparar o veículo. Sistemas como a entrada sem chave baseiam-se em técnicas criptográficas para garantir que os ataques de "repetição" ou "ataques do homem do meio" não podem registar sequências para permitir a posterior invasão do automóvel [28].

Em 2015, o clube automóvel geral alemão encomendou uma investigação sobre as vulnerabilidades do sistema eletrónico de um fabricante, que poderia ter levado a explorações como o desbloqueio remoto não autorizado do veículo [29].

4.7. Referências

[1].   https://www.statista.com/statistics/277931/automotive-car-cost-worldwide/
    Custo da eletrónica automóvel em percentagem do custo total do automóvel, consultado em 11 de julho,
    2017
[2].   VinceC (2019-05-07).
    "História Automóvel: Ignição eletrónica - Perder os pontos   , Parte 1".
    Curbside Classic. Recuperado em 2022-10-03.
[3].   Gosden, D.F. (março de 1990).
    "Tecnologia moderna de veículos eléctricos com acionamento por motor CA".
    Journal of Electrical and Electronics Engineering. 10 (1).
    Institution of Engineers Australia: 21-7. ISSN 0725-2986.
[4].   US2802760A, Lincoln, Derick & Frosch, Carl J.,
    "Oxidação de superfícies semicondutoras para difusão controlada",
    emitido em 1957-08-13
[5].   Frosch, C. J.; Derick, L (1957).

"Proteção da superfície e mascaramento seletivo durante a difusão em silício".

Journal of the Electrochemical Society. 104 (9): 547.

[6].   KAHNG, D. (1961). "Dispositivo de superfície de dióxido de silício-silício". Técnica

Memorando dos Laboratórios Bell: 583-596.

[7].   Lojek, Bo (2007).

History of Semiconductor Engineering (História da Engenharia de Semicondutores). Berlim, Heidelberg: Springer-

Verlag Berlin Heidelberg. p. 321. ISBN 978-3-540-34258-8.

[8].   Ligenza, J.R.; Spitzer, W.G. (1960).

"Os mecanismos de oxidação do silício em vapor e oxigénio". Revista de

Física e Química dos Sólidos. 14: 131-136

[9].   Lojek, Bo (2007).

História da engenharia de semicondutores. Springer Science & Business Media.

p. 120. ISBN 9783540342588.

[10].   KAHNG, D. (1961). "Dispositivo de superfície de dióxido de silício-silício". Técnica

Memorando dos Laboratórios Bell: 583-596.

[11].   Lojek, Bo (2007). History of Semiconductor Engineering (História da Engenharia de Semicondutores). Berlim,

Heidelberg: Springer-Verlag Berlin Heidelberg. p. 321.

[12].   Oxner, E. S. (1988). Fet Technology and Application. CRC Press. p. 18. ISBN 9780824780500.

[13].   "1971: Microprocessador integra a função de CPU num único chip". O

Motor de Silício. Museu de História dos Computadores. Recuperado em 22 de julho de 2019.

[14].   Benrey, Ronald M. (outubro de 1971). "Microeletrónica nos anos 70".

Popular   Science. 199 (4). Bonnier Corporation: 83-5, 150-2.

[15].   "Tendências na indústria de semicondutores: década de 1970". História dos Semicondutores

Museu do Japão. Arquivado em 27 de junho de 2019. Recuperado em 27 de junho de 2019.

[16].   "1973: Microprocessador de controlo de motores de 12 bits (Toshiba)" Semicondutores

Museu de História do Japão. Arquivado em 27 de junho de 2019. Recuperado em 27

junho de 2019.

[17]. Belzer, Jack; Holzman, Albert G.; Kent, Allen (1978). CRC Press. p. 402. ISBN 9780824722609.

[18]. http://www.
Motoring with microprocessors, consultado em 11 de julho de 2017

[19]. Emadi, A (2017). Handbook of Automotive Power and Motor Drives.
CRC Press. p. 117. ISBN 9781420028157.

[20]. "Design News". Notícias de Design. 27. Cahners Publishing Co: 275. 1972.

[21]. "Bantval Jayant Baliga inventou a tecnologia IGBT".
Hall da Fama dos Inventores Nacionais. Recuperado em 17 de agosto de 2019.

[22]. "MDmesh: 20 anos de superjunção, uma história sobre inovação".
ST Microelectronics. 11 de setembro de 2019. Recuperado em 2 de novembro de 2019.

[23]. "MOSFETs de potência para automóveis" (PDF). Fuji Electric. Recuperado em 10
agosto de 2019.

[24]. Scrosati, Bruno; Garche, Jurgen; Tillmetz, Werner (2015).
Avanços nas tecnologias de baterias para veículos eléctricos.
Woodhead Publishing. ISBN 9781782423980.

[25]. "Destinatários da Medalha IEEE para Tecnologias Ambientais e de Segurança".
Medalha IEEE para Tecnologias Ambientais e de Segurança.
Instituto de Engenheiros Eléctricos e Electrónicos. Arquivado em 25 de março,
2019. Recuperado em 29 de julho de 2019.

[26]. "Palavras-chave para compreender os dispositivos de energia da Sony - palavra-chave 1991".
Arquivado em 4 de março de 2016.

[27]. Chris I. (2021) A escassez de chips de computador está a afetar os fabricantes de automóveis

[28]. https://www.eetimes.com/document.asp?doc_id=1279038 Tech
Tendências:Preocupações de segurança para a eletrónica automóvel da próxima geração,
consultado em 11 de novembro de 2017

[29]. Auto, öffne dich! Proteção contra acidentes com BMWs Connected Drive Arquivado 23/11/2020 no Máquina Wayback, c't, 2015-02-05.

Capítulo (5)
Guerra eletrónica na banda ótica

5.1. Prefácio

Os conflitos militares contemporâneos demonstraram que as ameaças podem surgir a qualquer momento e, mais importante ainda, em qualquer lugar e a partir de qualquer direção. Por conseguinte, a dinâmica do campo de batalha exige uma reação muito rápida a qualquer ameaça que surja, o que, por sua vez, implica uma automatização total, também no processo de deteção e identificação. O sinal recebido deve ser identificado de forma clara e sem falhas para permitir uma contra-ação imediata e adequada. Por conseguinte, a guerra eletrónica, que atualmente precede e acompanha todas as actividades militares, adquire uma importância decisiva e, em caso de vitória no campo de batalha, dará uma garantia de quase 100% do êxito militar final [1-3].

O reconhecimento e a contra-ação na banda ótica da gama de radiações electromagnéticas é um elemento da guerra eletrónica que se está a tornar cada vez mais importante [,45]. Isto deve-se ao facto de os exércitos modernos e os campos de batalha contemporâneos estarem repletos de várias tecnologias optoelectrónicas. A guerra eletrónica na banda ótica pode ser realizada em três áreas principais:

- aquisição de sinais de emissores ópticos e seu processamento, a fim de selecionar caraterísticas de emissão (assinaturas ópticas) que permitam a identificação do emissor e, em seguida, da plataforma;
- recolha de dados relativos às emissões na gama do UV "cego ao sol" (assinaturas UV) e na gama do infravermelho médio (assinaturas térmicas);
- cegamento de cabeças optoelectrónicas (saturação ou destruição de sensores) nos sistemas de orientação do alvo ou nos sistemas de seguimento de traços térmicos.

Um maior conhecimento das assinaturas ópticas permitirá o reconhecimento e a identificação precoces de eventos/ameaças (por exemplo, lançamento de mísseis, disparo de canhão), dando assim mais tempo para a adoção de contramedidas adequadas. As bases de dados de assinaturas criadas permitirão o desenvolvimento de sistemas automatizados para uma identificação quase perfeita das ameaças e a adoção de medidas de combate adequadas. Por outro lado, estes conhecimentos permitirão a construção de sistemas de orientação (cabeças optoelectrónicas) praticamente resistentes ao empastelamento inimigo (foguetes, chamarizes, etc.).

Os sistemas de autodefesa das aeronaves estão há muitos anos equipados com receptores de alerta radar (RWR) que permitem a deteção e o reconhecimento de fontes de radiação de micro-ondas na gama de frequências que corresponde às frequências de funcionamento dos radares de bordo, bem como dos radares dos sistemas de mísseis terra-ar e água-ar. Atualmente, dispositivos semelhantes são também instalados a bordo de navios de diferentes classes e funções. Estão também a ser desenvolvidas versões de RWR que permitem a deteção e o reconhecimento de irradiação na banda ótica, principalmente irradiação laser [6]. Os receptores de alerta laser (LWR), que são muito menos avançados do que os RWR e apenas permitem a deteção da irradiação e a determinação da sua zona, estão instalados há muitos anos a bordo de plataformas terrestres, como tanques, veículos de combate de infantaria (IFV), também conhecidos por veículos de combate de infantaria mecanizada (MICV) ou veículos de transporte de tropas. Atualmente, os LWR não permitem o reconhecimento do tipo de emissor laser.

Um dos elementos integrantes mais importantes de cada RWR é uma base de dados que garante o seu funcionamento. Sem a base de dados, o RWR seria surdo e cego. O seu conteúdo, e a sua atualização, não são menos importantes para a eficácia do sistema de autodefesa do que os parâmetros técnicos das contramedidas e do próprio RWR. Eles influenciam materialmente a eficácia da classificação e identificação da ameaça. Para que o sistema de autodefesa possa garantir um nível de segurança adequado, deve incluir uma base de dados fiável e constantemente actualizada. Por outro lado, os RWR devem assegurar a deteção e o reconhecimento eficazes de toda a gama de sinais emitidos pelos sistemas de deteção e orientação do inimigo, uma vez que é necessário obter o máximo de informação possível sobre potenciais ameaças. Esses dados podem também ser registados numa base contínua, durante diferentes missões, e depois podem ser processados, analisados e finalmente colocados em registos adequados na base de dados.

Este estudo tem como objetivo desenvolver um método de aquisição, análise e processamento de sinais ópticos para efeitos de identificação e neutralização de ameaças no campo de batalha contemporâneo. Em primeiro lugar, o artigo apresenta de forma concisa as bases físicas da guerra eletrónica na banda ótica e, em seguida, faz uma breve revisão dos emissores ópticos atualmente utilizados. De seguida, são discutidos diferentes parâmetros e valores físicos que descrevem a emissão de radiação laser, incluindo a sua importância em termos de criação de assinaturas ópticas. Foi demonstrado que, nesse processo, apenas são aplicáveis os parâmetros temporais e espectrais dos sinais ópticos. Além disso, foi ainda demonstrado que, através de um registo simples e de uma análise rápida que envolve a comparação dos parâmetros temporais de emissão no caso de assinaturas UV na banda "cega ao sol", vários eventos podem ser identificados rapidamente e sem falhas. O mesmo se aplica às assinaturas IR, em que são comparadas as amplitudes do sinal registado para vários comprimentos de onda. Isto é particularmente importante no atual campo de batalha. São definidos os termos utilizados para descrever as assinaturas IR e as assinaturas UV. Uma descrição prática contém os resultados de medições e testes de assinaturas ópticas, efectuados no decurso de outras investigações, em particular durante testes em campos de treino. Os resultados obtidos podem ser facilmente convertidos para um formato que permita a sua introdução numa base de dados de emissores optoelectrónicos, cuja estrutura e disposição são propostas na parte final do documento. Na fase atual do nosso trabalho, é difícil falar de um formato de dados específico, porque isso depende da forma como a futura base de dados será organizada. A sua estrutura decidirá o formato dos registos que conterá. No entanto, por agora, vamos concentrar-nos no problema do registo e análise de sinais ópticos para obter valores numéricos específicos que possam ser armazenados em formato binário. A sua conversão para o formato requerido pela base de dados criada não deverá colocar quaisquer dificuldades aos especialistas em TI que irão criar essa base de dados. Em geral, todos os dados obtidos são guardados como variáveis de tipo carácter, inteiro ou ponto flutuante, normal ou de dupla precisão.

5.2. Materiais e métodos
5.2.1. Materiais

A parte experimental do documento inclui exemplos de medições espectrais de três telémetros populares:

- Telémetro binocular Geovid 8×56 HD-B da Leica [7];
- telémetros binoculares PRLF 10 e Vetor IV da Vectronix [8].

As formas de onda temporais da banda de emissão "cega ao sol" na gama UV foram examinadas para lançamentos e explosões de granadas de propulsão rochosa (RPG) depois de atingirem os alvos, explosões de trinitrotolueno (TNT), disparos de sabotagem perfurante, estabilizada por barbatanas e descartável (APFSDS) e projécteis altamente explosivos (HE).

5.2.2. Medições de assinaturas espectrais e temporais

O infravermelho (IR), também designado por radiação térmica, situa-se na gama de comprimentos de onda de 780 nm a 1 mm, entre a luz visível e as ondas de rádio. Devido à crescente gama de aplicações, o espetro infravermelho inclui a banda Terahertz (também designada por infravermelho distante), situada na gama de frequências de 300 GHz– 10 THz do espetro eletromagnético no espaço livre, o que corresponde a um comprimento de onda de 1 mm-30 µm. A radiação nesta gama é fortemente absorvida pela água e por muitos produtos químicos, como certas drogas e explosivos, que têm os seus próprios espectros caraterísticos. Outra caraterística importante desta radiação é o facto de ser completamente reflectida por superfícies metálicas (por exemplo, armas, facas ou veículos militares escondidos). Estas três caraterísticas oferecem amplas oportunidades de utilização de dispositivos que funcionam na banda Terahertz em sistemas de proteção e vigilância.

A radiação visível é a parte do espetro eletromagnético reconhecida pela visão humana, na gama de comprimentos de onda de 400 nm-700 nm [11]. Esta luz é absorvida pela atmosfera e pela água apenas numa pequena extensão.

As caraterísticas espectrais dos telémetros investigados foram determinadas utilizando um espetrómetro ótico compacto da Ocean Optics [9] equipado com uma matriz linear de de silício de dispositivos carga acoplada (CCD) que cobre uma gama de 190 nm a 1,1 µm. As formas temporais dos impulsos laser foram registadas por meio de foto-diodos modelo FPS-1 da Ophir Photonics [10] acoplados a um osciloscópio digital modelo DSO-X-2024A da Agilent Technologies, Inc.

Os espectros UV na gama do cego solar foram detectados utilizando um radiómetro concebido no Instituto de Optoelectrónica da Universidade Militar de Tecnologia (IOE MUT), em Varsóvia. A sua sensibilidade foi limitada a uma gama de 220-280 nm (máximo a 255 nm) pela adição de um filtro UV, especialmente concebido para experiências, descrito na secção5.3 . As especificações do radiómetro são apresentadas no quadro.

Parâmetros de base do radiómetro UV concebido no IOE MUT.

Parâmetro	Especificação
Gama espetral	220-280 nm
Máximo de sensibilidade dos espectros	255 nm
Diâmetro do objetivo recetor	72 mm
Comprimento de focagem da objetiva	120 mm
Campo de visão	20 mrad

Limiar de sensibilidade	1 pW· cm-1
Transmissão de objectivos	70%
Transmissão do filtro	15%
Resistência de carga do fotomultiplicador	1,5 MΩ

5.3. Ambiente ótico do campo de batalha e transmissores laser
5.3.1. Caraterísticas da banda ótica

A radiação UV é uma radiação electromagnética com um comprimento de onda mais curto do que o da luz visível, situando-se na gama de 10 nm-400 nm. Devido às suas aplicações militares, a parte mais importante da gama UV é a chamada banda "cega solar" (100 nm-280 nm). A radiação solar nesta banda é fortemente absorvida na atmosfera pelo oxigénio molecular (para comprimentos de onda inferiores a 185 nm) e pelo ozono (para comprimentos de onda entre 185 e 300 nm). A deteção da radiação UV, juntamente com a insensibilidade à radiação visível e infravermelha (especialmente a radiação solar), minimiza o número de falsos alarmes e permite valores elevados da relação sinal/ruído [12].

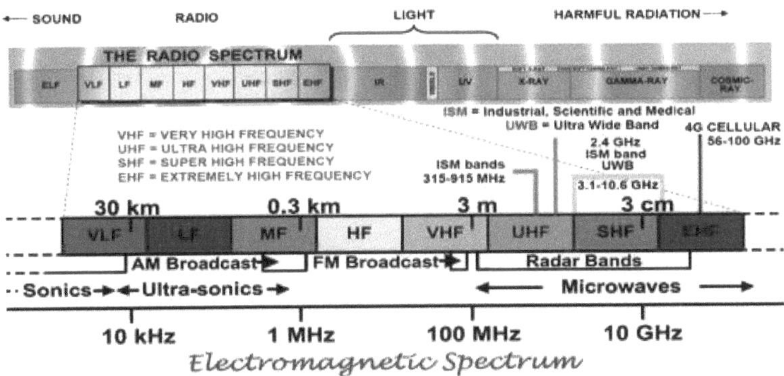

As várias gamas ópticas que podem ser distinguidas no espetro das ondas electromagnéticas são geralmente divididas nas gamas de radiação infravermelha (IR), visível (VIS) e ultravioleta (UV).

A radiação ótica interage fortemente com os gases atmosféricos, em particular com o vapor de água, o dióxido de carbono e o ozono. Por conseguinte, uma grande quantidade de raios solares é absorvida ou reflectida pela atmosfera. O mesmo se aplica à radiação térmica emitida pela superfície da Terra. Os raios ultravioletas são em grande parte absorvidos pelo oxigénio (especialmente sob a forma de ozono na camada de ozono), enquanto os infravermelhos são absorvidos pelos gases com efeito de estufa, como o metano, o óxido nitroso, o dióxido de carbono ou o vapor de água. Por conseguinte, a atmosfera é principalmente transparente à luz visível, com baixa absorção pelo ozono, o oxigénio e os aerossóis. Na prática, a radiação com comprimentos de onda inferiores a 0,3 µm não atinge a superfície da Terra devido à forte absorção pelo ozono e pelo oxigénio atómico nas camadas superiores da atmosfera. O infravermelho próximo inclui bandas de absorção fracas de oxigénio e vapor de água. Para este último, a largura da intensidade da banda de absorção aumenta drasticamente para ondas mais longas.

A transmissão da radiação ótica na atmosfera é apresentada na Figura. Deve-se notar que dentro das faixas de 2,5-5,5 µm, e de 7,5-14 µm, a radiação é atenuada em uma pequena extensão. Estas bandas são convencionalmente designadas por infravermelhos de comprimento de onda médio (MWIR) e infravermelhos de comprimento de onda longo (LWIR), respetivamente [13]. Isto tem consequências práticas significativas, uma vez que as bandas se sobrepõem às áreas de sensibilidade dos detectores de infravermelhos mais utilizados, feitos, por exemplo, de antimoneto de índio (InSb) para a gama espetral de 2,5-5,5 µm e telureto de mercúrio e cádmio (HgCdTe) para os comprimentos de onda mais longos na gama de 7,5-14 µm. Deve recordar-se que o comprimento de onda de corte para os detectores populares de silício é de aproximadamente 1 µm [14].

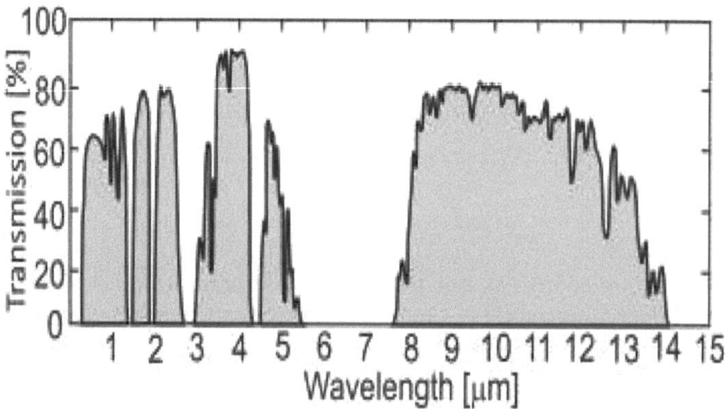

**Transmissão da radiação solar na atmosfera.
Recriado com gráficos vectoriais**

Todos os objectos cuja temperatura é superior a 0 K emitem radiação infravermelha. A quantidade de energia é determinada pela temperatura e pelas condições da superfície do objeto. Os corpos com uma temperatura semelhante à temperatura ambiente são os que mais emitem na gama dos infravermelhos, enquanto os corpos com temperaturas superiores a 600 °C começam a emitir com maior intensidade no espetro visível. No entanto, o facto mais importante é que os máximos de emissão para temperaturas de 200-400 °C caem na banda MWIR. Estas temperaturas são típicas, por exemplo, das estruturas de mísseis propulsionados por foguetes durante o voo [15], independentemente de o motor de sustentação estar a funcionar ou não.

5.3.2. Transmissores laser

Os campos de batalha contemporâneos caracterizam-se por mudanças constantes, pelo que a reação rápida às ameaças emergentes é essencial e, basicamente, um pré-requisito para a sobrevivência. Isto exige uma automatização total, também no processo de deteção e reconhecimento de ameaças. Os sinais detectados têm de ser identificados de forma irrepreensível e inequívoca para permitir uma reação imediata, especialmente porque há uma abundância de fontes artificiais de interferência. Isto (bem como vantagens como a sua natureza sem contacto, medição em tempo real, elevada exatidão e precisão na localização do alvo) torna as técnicas laser muito atractivas para o equipamento e sistemas militares. Permitem a determinação rápida e exacta dos parâmetros do alvo e, por vezes, até a sua deteção, quando os métodos tradicionais de radar ou de visualização na banda visível, ou no infravermelho, falham. Por conseguinte, o número de lasers e de dispositivos optoelectrónicos associados utilizados pelos exércitos está em constante aumento.

Este interesse crescente na utilização da radiação laser na tecnologia militar [16] resulta das suas caraterísticas, principalmente da sua propagação em linha reta com divergência relativamente baixa e caraterísticas monocromáticas. É igualmente importante o facto de, na maioria das aplicações, os dispositivos emitirem feixes invisíveis a olho nu na gama dos infravermelhos próximos e de ondas curtas. Isto significa que a sua utilização pode permanecer secreta e que a deteção da fonte é muito mais difícil.

A radiação laser, reflectida e dispersa a partir de um objeto alvo, pode ser recebida, focada e analisada para ajudar diferentes sistemas de orientação de armas e de controlo de fogo. Em geral, a radiação laser é utilizada principalmente para dois fins: aquisição e recolha de dados sobre o objeto-alvo, bem como orientação do míssil para o alvo. A designação ou visualização precisa do alvo, bem como o secretismo da operação, surpreendem o inimigo, permitindo uma elevada precisão de ataque e uma redução efectiva da quantidade de equipamento de ataque utilizado (um alvo - uma bomba). Além disso, a radiação laser permite uma redução da eficácia dos métodos de defesa passiva, como a camuflagem, a máscara, os foguetes ou os engodos.

A utilização da radiação laser no campo de batalha também implica certos constrangimentos[17] . Acima de tudo, o alcance dos diferentes dispositivos optoelectrónicos é determinado pela atenuação atmosférica, mesmo que o ar apresente um elevado nível de transparência (visibilidade). A radiação laser é sempre parcialmente absorvida e dispersa pelas partículas de gás que compõem a atmosfera.

O simples método de propagação da radiação laser pode criar algumas limitações. Cada feixe laser é caracterizado por um certo grau de divergência, tal como referido na secção4 . Por conseguinte, a dimensão de um ponto laser visível num objeto distante é uma função do ângulo de divergência e da distância entre o transmissor laser e o objeto (alvo) [18]. Por exemplo, um ângulo de divergência de 1 milirradiano significa um ponto de 1 m a uma distância de 1000 m. Assim, se o ponto laser for maior do que o alvo designado, que está adicionalmente rodeado por outros objectos, então estamos perante o chamado efeito de extravasamento, apresentado na Figura.

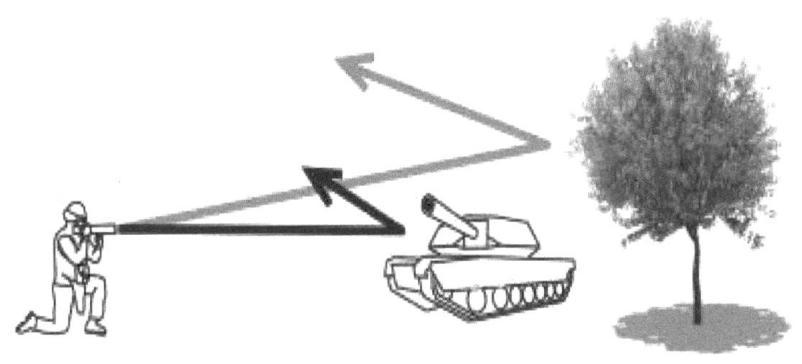

Ilustração do efeito de arrastamento.

Do mesmo modo, a propagação em linha reta pode causar um fenómeno adverso denominado efeito de pódio, cuja ideia é apresentada na figura. O efeito surge quando a radiação laser reflectida é obscurecida pelo objeto alvo e não atinge o sistema de orientação da bala. As irregularidades do solo e mesmo a curvatura da Terra podem reduzir consideravelmente o alcance do equipamento laser e, consequentemente, a sua utilização efectiva.

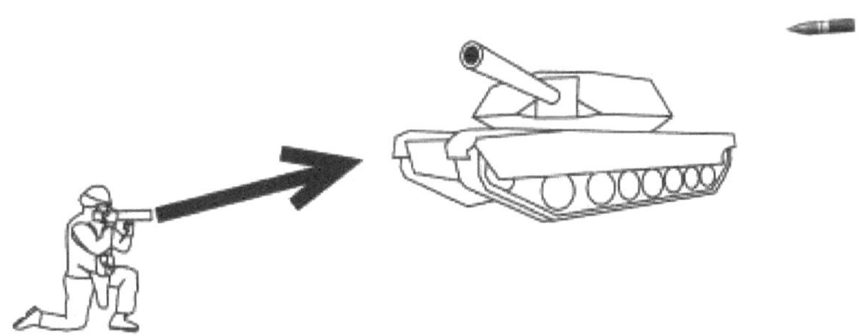

Ilustração do efeito de pódio.

O efeito de lanterna resulta da propagação irregular do feixe laser em relação ao solo e da extensão da área designada, apresentada na Fig. 4 . Como resultado, o objeto alvo reflecte apenas uma parte do feixe e o resto é refletido pelo solo. Isto reduz o alcance da deteção da radiação.

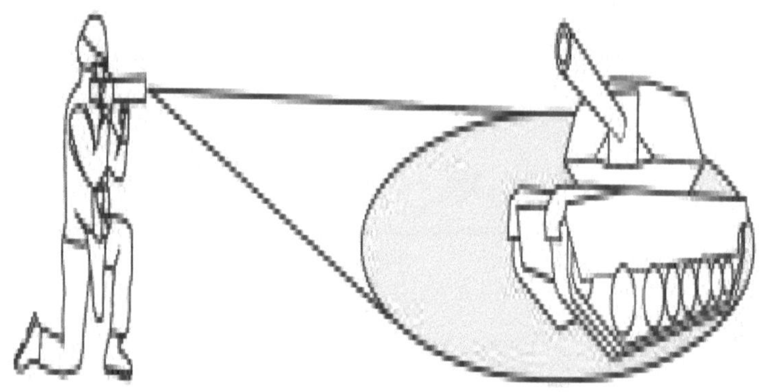

Ilustração do efeito de lanterna.

Os dois factores seguintes que limitam a utilização de equipamentos e sistemas laser são atribuíveis ao recetor. O primeiro é um campo de visão limitado (FOV) caracterizado por receptores incluídos em sistemas de orientação. Isto exige que o sistema de rastreio seja guiado em direção ao alvo com uma precisão relativamente elevada e a uma distância relativamente pequena, de modo a poder detetar, receber e rastrear de forma fiável os raios reflectidos de eco pelo alvo. Outro fator é a sensibilidade do detetor localizado no sistema de receção, que reduz o alcance operacional efetivo dos equipamentos e sistemas optoelectrónicos.

A grande maioria das aplicações de equipamentos e sistemas laser no campo de batalha implica que os raios sejam reflectidos pelo objeto alvo. A reflexão é quase sempre difusiva, pelo que, para além da reflexão propriamente dita, o raio laser é também disperso num ângulo sólido amplo (frequentemente num hemisfério). Isto resulta no facto de o inimigo poder detetar facilmente os raios laser e tomar conhecimento de quaisquer processos de apontamento e orientação de mísseis. Por outro lado, a dispersão da radiação permite uma deteção e um registo relativamente fáceis para distinguir as suas caraterísticas - as chamadas assinaturas ópticas que permitem identificar a fonte de emissão [16].
Atualmente, os exércitos de todo o mundo possuem vários tipos de equipamentos e sistemas laser, com diferentes níveis de tecnologia e complexidade, que podem ser classificados de acordo com a sua aplicação:

- **iluminador:** dispositivo laser utilizado em condições de baixa visibilidade, que funciona na gama dos infravermelhos próximos

(800-1000 nm), destinado a iluminar a cena de modo a torná-la visível para os dispositivos de visão nocturna;
- designador: um dispositivo laser utilizado para designar o objeto-alvo para o equipamento de percussão. Geralmente, são utilizados lasers de onda contínua de alta potência;
- encandeador: dispositivo laser utilizado para afetar os órgãos da visão humana, causando incapacidade temporária ou permanente de ver. Geralmente, são utilizados lasers que emitem raios na gama de comprimentos de onda visíveis;
- ponteiro: um dispositivo laser utilizado para apoiar o processo de pontaria de uma arma pessoal ou de bordo em condições de baixa visibilidade;
- feixe de laser: sistema laser utilizado para a orientação ativa de mísseis para o alvo através de um feixe laser;
- sistema de controlo de tiro: um sistema de controlo de tiro inclui, pelo menos, uma mira, um telémetro laser, um computador balístico, sensores (de temperatura, pressão, velocidade e direção do vento) e um sistema de regulação;
- transmissão de dadosótica : uma solução alternativa à comunicação por rádio. As suas vantagens incluem a resistência à escuta e às interferências electromagnéticas. Uma desvantagem da ligação optoelectrónica é a impossibilidade de transmitir dados em condições meteorológicas adversas, como um nevoeiro denso, chuva intensa ou queda de neve.

O grupo mais avançado e complexo de dispositivos laser é atualmente constituído pelos LIDAR. O LIDAR (Light Detection and Ranging) representa uma técnica de medição remota e ativa em que um feixe ótico é utilizado como instrumento de teste. Os LIDARs actuais baseiam-se em lasers que vão do UV ao infravermelho distante, gerando impulsos com uma potência de pico superior a 10 MW e uma duração de algumas a várias centenas de nanossegundos.

A classificação dos LIDAR em diferentes tipos, apresentada em Tabela 2 , resulta do tipo de fenómeno medido que acompanha a sua interação entre a radiação laser e o objeto testado.

Tabela. Classificação dos LIDARs.

Tipo de LIDAR	Fenómeno	Aplicações	Ref.
Telémetro (alvo difícil)	Reflexão	Medição da distância e da	[ ]19

		velocidade de objectos macroscópicos	
LIDAR de dispersão	Dispersão elástica	Deteção e localização de aerossóis	[ ]20
LIDAR Raman	Dispersão Raman	Medição da extinção atmosférica, deteção de gases vestigiais	[20]
LIDAR de dispersão diferencial (DISC)	Dispersão elástica	Identificação das dimensões das partículas de aerossol	[ ]21
Despolarizaç ão LIDAR	Despolarização durante a dispersão	Identificação da forma e do estado físico das partículas de aerossóis	[ ]22
LIDAR de absorção diferencial (DIAL)	Absorção	Deteção de um composto químico específico no ar	[ ]23
LIDAR fluorescente	Fluorescência excitada por laser	Deteção de aerossóis biológicos, análise da vegetação e composição da água do mar	[ ]24
Doppler LIDAR	Desvio Doppler	Medição da velocidade do vento, da evolução dos furacões e das turbulências atmosféricas	[ ]25

Os LIDAR são ferramentas úteis para o levantamento remoto do ambiente e para a deteção de substâncias perigosas. O método LIDAR pertence ao grupo dos métodos activos de deteção remota por laser. Os LIDAR permitem a deteção e, por vezes, até a identificação preliminar de partículas de aerossol invisíveis à vista e a outros métodos de deteção à distância. Assim, a utilização de LIDAR em aplicações militares combina frequentemente a deteção remota de armas químicas e biológicas [26], bem como a localização de distâncias [19].

Para além da lista supra de sistemas laser militares, devem ser mencionados os localizadores de pontos laser, as armas guiadas por laser e os sistemas de identificação de amigos ou inimigos (IFF), atualmente em desenvolvimento intensivo. Estes sistemas enviam para o objeto não identificado um feixe de laser com caraterísticas espectrais e temporais adequadamente selecionadas (codificação), o que leva à deteção do sinal de eco, ou seja, o sinal refletido exatamente ao contrário. Se o objeto sonoro pertencer ao mesmo exército, o seu módulo de identificação identifica o código como o seu próprio sinal e responde iniciando um processo de modulação da radiação reflectida de acordo com uma sequência temporal definida.

5.4. Caraterísticas da radiação laser

A radiação laser pode ser caracterizada de muitas maneiras e utilizando vários parâmetros e valores físicos que podem geralmente ser agrupados em parâmetros de energia, parâmetros espaciais, polarização, parâmetros espectrais e parâmetros temporais. Em termos de assinaturas ópticas, as caraterísticas da radiação laser podem ser classificadas utilizando o sistema apresentado na figura .

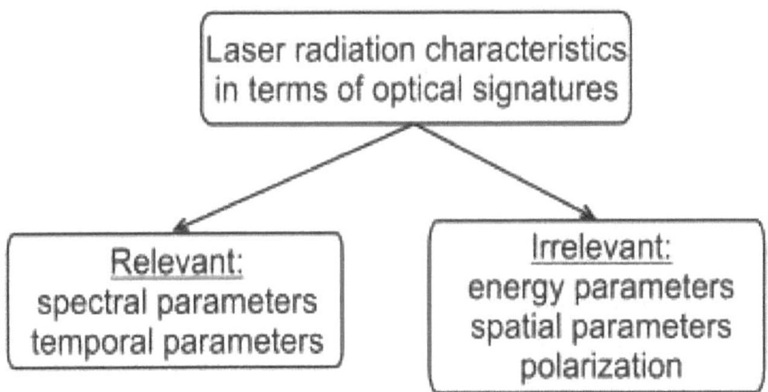

**Classificação das caraterísticas da radiação laser
em termos de assinaturas ópticas.**

Em geral, os lasers podem funcionar em dois regimes: regime pulsado e o chamado regime CW (Continuous Wave). Um laser CW é um laser que funciona com potência contínua durante 0,25 s ou mais [11]. Um laser pulsado é um laser que fornece energia sob a forma de um único impulso ou de uma sequência de impulsos com uma duração inferior a 0,25 s. A radiação dos lasers CW pode ser caracterizada pela potência (instantânea), potência média e estabilidade da potência ao longo do tempo. Os parâmetros dos lasers pulsados incluem a energia do impulso, a potência de pico do impulso e a estabilidade da energia do impulso no tempo. Para feixes modulados, os valores acima mencionados são complementados por parâmetros que indicam a modulação, como a profundidade ou a frequência da modulação [27].

Os parâmetros energéticos são muito fáceis de determinar por meio de medições diretas. Existe uma vasta gama de medidores disponíveis que medem a potência/energia da radiação laser e que também permitem a determinação de várias estatísticas de medição, tais como valores médios, dispersões, desvios, etc. Estes parâmetros, apesar de serem facilmente mensuráveis, são praticamente inúteis no processo de deteção da irradiância e de identificação da fonte. A medição da potência ou energia num ponto distante do emissor, sem garantia de que a sonda de medição recebe todo o feixe laser, não diz nada sobre a energia ou potência real do emissor. O valor medido neste caso é uma função complexa da trajetória e da extinção atmosférica, para não mencionar a dispersão que acompanha a reflexão do objeto alvo, cuja natureza é desconhecida nas condições reais.

No grupo dos valores espaciais, existem dois parâmetros principais: o diâmetro (largura) e a divergência do feixe. Outros parâmetros adicionais definem a propagação: a posição e o diâmetro da cintura do feixe, o alcance de Rayleigh e o fator de qualidade do feixe M2 (ver Eqs. ,(6)(8)). Estes são complementados pela polarização do feixe. Embora os parâmetros espaciais sejam apresentados no grupo de parâmetros irrelevantes na identificação de emissores laser (figura), estão incluídos na base de dados de emissores da NATO Electro-Optics (NEDB EO). São importantes do ponto de vista da segurança dos lasers no campo de batalha. As suas principais definições e caraterísticas são descritas a seguir.

Mesmo que os feixes laser actuais estejam longe do feixe gaussiano perfeito, as equações que definem as suas propriedades são úteis em condições reais. O padrão de feixe de um feixe gaussiano num plano perpendicular ao eixo de propagação z é calculado do seguinte modo [28]: (1) Ir=const.×er2w2z em que w(z) é o parâmetro que, neste caso, define o diâmetro do feixe entre os pontos 1/e2, como apresentado na figura .

Este parâmetro cumpre a equação de propagação:

$$w2z=w02+\lambda\pi w02z-z02onde\ w0 \quad (2)$$

é o valor mínimo w(z), na posição da chamada cintura do feixe z = z0, apresentada na Figura .

O valor: zR=πw02λ 3)

determina o intervalo de Rayleigh definido como o percurso de propagação desde a cintura do feixe até ao local onde a área da secção transversal do feixe é o dobro da área da cintura. O parâmetro zR ilustra, por exemplo, a divisão entre o campo próximo (área de difração de Fresnel) e o campo distante (área de difração de Fraunhoffer).

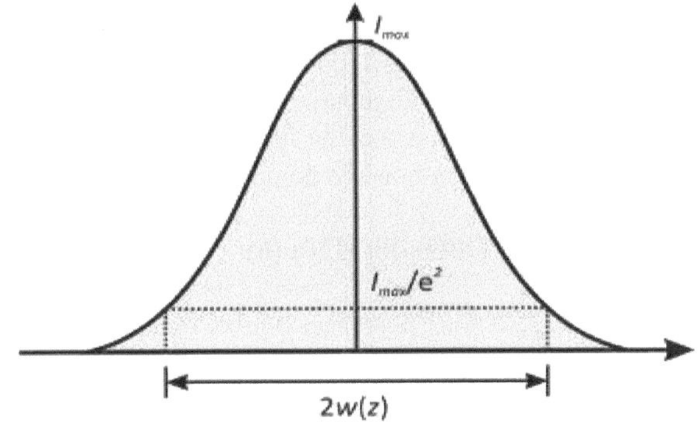

**A distribuição da intensidade de um feixe gaussiano e
o seu diâmetro "natural" 2w(z).**

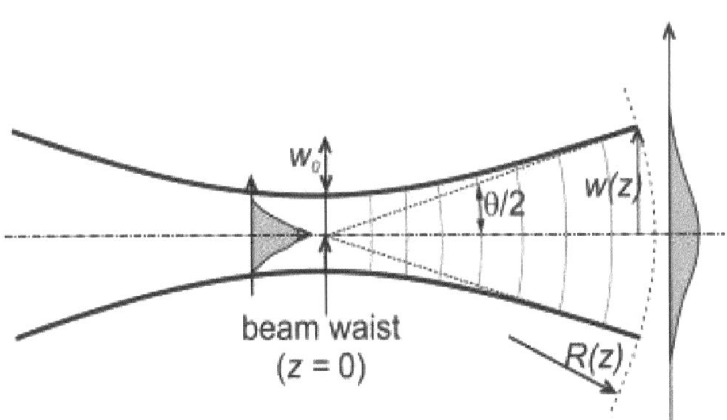

O feixe gaussiano diverge da sua cintura.

De acordo com Figura, o ângulo de divergência no campo distante de um feixe gaussiano é definido como

$$\theta=\lim z\to\infty 2wzz=2\lambda\pi w0 \qquad (4)$$

Os parâmetros espaciais de um feixe laser real podem ser facilmente relacionados com os parâmetros do feixe gaussiano ideal utilizando o parámetro de qualidade do feixe M2 [29], determinado pela seguinte equação:

$$D0\Theta=4\lambda\pi M2 \qquad (5)$$

Onde D0 e Θ são a largura e a divergência do feixe real, respetivamente. Introduzindo, na relação acima, os parâmetros espaciais do feixe perfeito e agrupando os factores, podem formular-se várias relações que ligam os parâmetros dos feixes reais e do feixe gaussiano. Em primeiro lugar, se os feixes perfeitos e reais tiverem a mesma largura de cintura, o feixe real deve divergir mais rapidamente por M2 do que o feixe perfeito:

$$D0\Theta=d0(M2\theta) \qquad (6)$$

Em segundo lugar, se o feixe perfeito e o feixe real tiverem os mesmos ângulos de divergência, o feixe real tem uma cintura que é mais larga por M2. Finalmente, se o feixe real for mais largo M (=M2) do que o feixe perfeito, o seu ângulo de divergência deve ser maior pelo mesmo fator:

$$D0\Theta=(Md0)(M\theta) \qquad (7)$$

De acordo com [11], o diâmetro do feixe (ou largura para feixes axialmente assimétricos) du num determinado ponto é o diâmetro do círculo mais pequeno que contém u% da potência (ou energia) total do laser. Para o feixe gaussiano, é utilizado o diâmetro d63 correspondente ao ponto em que a irradiância (irradiação) é reduzida a 1/e do seu valor de pico central. A divergência do feixe é o ângulo do plano do cone determinado pelo diâmetro do feixe no campo distante. Se os diâmetros do feixe em dois pontos situados a uma distância r um do outro forem iguais a d63 e d'63, a divergência é determinada pela seguinte fórmula

$$D=2\tan-1(d'63-d632r) \qquad (8)$$

Para o NATO NEDB EO, foi adoptada uma definição de divergência do feixe de acordo com a norma internacional IEC 60825-1 2007. De acordo com essa norma, a divergência do feixe no campo distante é o ângulo plano de um cone definido pelo diâmetro do feixe que determina o círculo mais pequeno que contém 63% da potência ou energia total do feixe laser.

Tal como acontece com os valores de energia, os parâmetros espaciais dos feixes laser são completamente irrelevantes na identificação do emissor. O processo de medição efetivo (para ser mais preciso, a determinação da largura ou divergência do feixe) é bastante complicado e mesmo impossível a uma longa distância da fonte, devido, por exemplo, à divergência e à grande mancha de laser resultante. Além disso, o processo de deteção, registo e processamento de sinais ópticos, a fim de caraterizar os emissores, registará quase exclusivamente a radiação dispersa para a qual os parâmetros espaciais se tornam irrelevantes.

No caso de vigas reais, as fórmulas e conclusões apresentadas podem ser difíceis de aplicar. Os problemas surgem do facto de, em muitos casos, existirem feixes com um perfil espacial assimétrico. Por exemplo, em muitos telémetros, são normalmente utilizadas fontes de luz semicondutoras que são construídas com áreas de emissão em forma de tira. O tamanho das tiras é de cerca de vários µm num eixo e de várias dezenas ou várias centenas de µm no outro eixo. Um exemplo da forma de tais interfaces é apresentado na Fig. 8 à esquerda. Neste caso, o tamanho total da emissão da junção é de 254 × 203 µm, e cada tira tem um tamanho de 2 × 254 µm. Um feixe gerado por um telémetro com uma fonte deste tipo apresentará aproximadamente uma imagem ampliada da junção. turbulência atmosférica Além disso, será deformado por aberrações introduzidas pelo sinal ótico do transmissor e pela influência da durante a propagação espacial. Exemplos de deformação são mostrados à direita na Figura. .

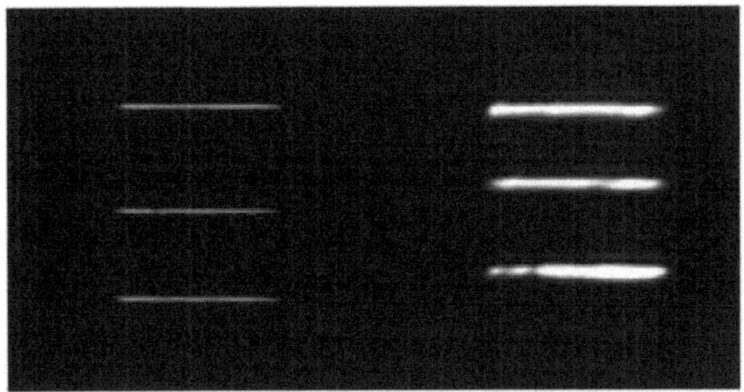

A forma exemplar das junções de díodos laser (à esquerda) e a imagem de um feixe gerado pelo telémetro de díodo laser (à direita).

Ao determinar a divergência de tais feixes, deve ser utilizado o critério do conteúdo de energia u% ou conteúdo de potência numa determinada área com um diâmetro Du. Normalmente, o valor u% é igual a 95% ou 99%. A divergência do feixe será definida como o rácio entre o diâmetro Du e a distância r à qual a medição é efectuada:

Divergência= Dur (9)

Ao analisar a revisão das aplicações militares de equipamentos e sistemas optoelectrónicos, verifica-se que estes utilizam diferentes lasers que emitem numa vasta gama da banda ótica, desde o UV até ao infravermelho de onda longa. O quadro 3 apresenta os tipos de laser mais populares utilizados em equipamento militar, juntamente com os comprimentos de onda de funcionamento típicos. As possibilidades de identificar o emissor com base no seu espetro de emissão são evidentes, tanto mais que essa medição não é complexa e pode ser efectuada para a radiação dispersa. O mercado oferece espectrómetros compactos com uma resolução e sensibilidade suficientes para realizar tais medições. Assim, é possível obter parâmetros espectrais básicos, como o comprimento de onda ou a largura do espetro de emissão, definida como a gama de frequências medida entre os pontos de meio pico de potência do espetro. Obviamente, isto não fornece informações completas sobre o emissor, mas permite a identificação preliminar do tipo de dispositivo ou sistema.

Comprimentos de onda emissão de de lasers aplicados em equipamento optoelectrónico militar.

Tipo de laser	Comprimento de onda
Rubi	694,3 nm (R1)/692,9 nm (R2)
Nd:vidro	1054 nm
Nd:YLF	1047 nm (π)/1053 nm (σ)
Nd:YVO4	1064,3 nm
Nd:YAG	1064 nm
Nd:YAG - segundos harmónicos	532 nm
Nd:YAG - terceiro harmónico	355 nm
Nd:YAG - quarto harmónico	266 nm
Nd:YAG - oscilador paramétrico ótico	1573 nm
Nd:YAP	1079 nm
Yb:YAG	1030 nm/1050 nm
Er:YAG	2,94 μm/1,64 μm

Er:vidro	1535 nm
Laser de fibra de itérbio	1060-1070 nm
Ho:YAG	1,9-2,1 µm
Tm:YAG	1,7 µm,~ 2 µm
Laser de CO2	10,6 µm
Lasers de semicondutores:	
Proteção ocular	1535 nm, 1550 nm
Lasers de infravermelhos	de 785 nm a 980 nm
Lasers vermelhos	de 604 nm a 750 nm
Lasers amarelos	de 556 nm a 593,5 nm
Lasers verdes	de 500,8 nm a 543 nm
Lasers azuis	de 400 nm a 491 nm
Lasers UV	de 261 nm a 397 nm

O último grupo de caraterísticas da radiação laser, muito útil para o reconhecimento e identificação na banda ótica, é constituído por parâmetros temporais. Aqui, à semelhança dos parâmetros espectrais, podem ser facilmente efectuadas medições num sistema simples utilizando um fotodetector e um osciloscópio adequados. A forma de onda registada do sinal ótico permite a determinação de todos os parâmetros temporais caraterísticos. Podem distinguir-se duas subcategorias. A primeira (incluindo a duração do impulso τi, o tempo de subida τr, o tempo de descida τf e a assimetria do impulso definida pelo rácio τr/τf) diz respeito à geração de impulsos únicos ou de uma sequência de impulsos com uma taxa de repetição fi. A outra subcategoria diz respeito à geração de rajadas de impulsos e inclui parâmetros como a duração da rajada de impulsos Tp ou a frequência de repetição fp. Todos os parâmetros acima descritos são visualizados na figura .

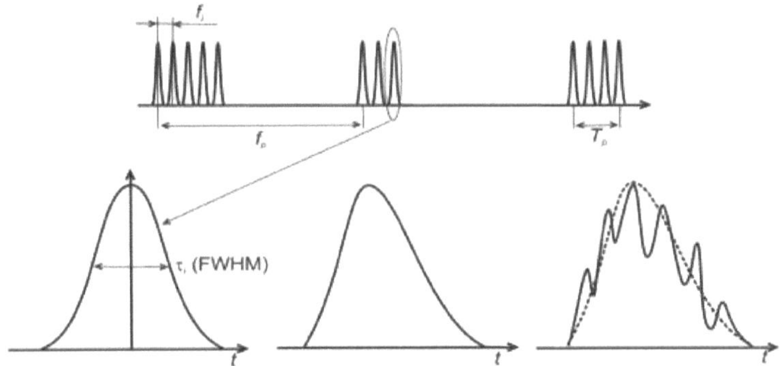

Formas de onda temporais modelo de emissão laser.

A duração do impulso é definida como o intervalo de tempo medido entre os pontos de metade da potência de pico no declive ascendente e descendente do impulso [11]. A duração da emissão é a duração de um impulso, sequência ou série de impulsos, ou o período de funcionamento contínuo, durante o qual as pessoas podem aceder à radiação laser quando o dispositivo laser é operado, mantido ou reparado.

Para um impulso único, a duração do impulso é o período entre o ponto de metade da potência de pico no declive de subida e o ponto correspondente no declive de descida. Para uma sequência de impulsos (ou a sua secção), é o período entre o ponto de metade da potência de pico do primeiro impulso e o ponto de metade da potência de pico do último impulso.
Em muitos casos reais, a determinação dos pontos de metade da potência de pico nos declives dos impulsos pode ser impossível devido à forma do impulso. Esta situação é visualizada na figura.

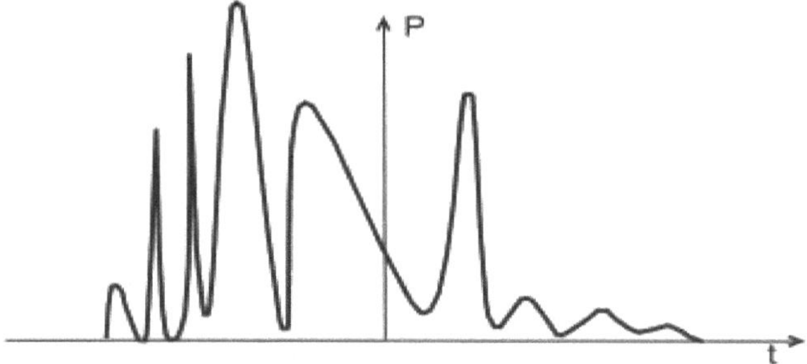

Exemplo de um pulso com uma forma irregular.

O impulso apresentado tem uma forma complexa. Para medir a duração do impulso, pode ser utilizado o critério da energia (conteúdo energético de u% - Eq.(12)). Neste caso, o centro de gravidade do impulso deve ser determinado em primeiro lugar

$$t0= \int tPtdt/\int -Ptdt \ (10)$$

Onde, o integral no denominador da equação acima é a energia total do impulso Et. De seguida, começamos a integrar o impulso para a esquerda desde o ponto t0 até ao ponto

$$t1 = t0 - \Delta t1$$
$$E1=-\int t0t0-\Delta t1Ptdt \ (11)$$

e para a direita, do ponto t0 ao ponto

$$t2 = t0 + \Delta t2 \ (12) E2 = \int_{t0}^{t0+\Delta t2} P t \, dt \ (12)$$

de modo a que a energia total no intervalo de t1 a t2 seja igual à fração previamente especificada da energia total do impulso

$$u = E1 + E2 Et. \qquad (13)$$

Por último, a duração do impulso é dada por:$(14)\tau = \Delta t1 + \Delta t2$ Com algoritmos numéricos adequados, o método apresentado pode ser utilizado para calcular a duração dos impulsos com base no conteúdo energético. Uma vantagem adicional deste método é a possibilidade de estabelecer a duração do impulso em função do coeficiente u, que pode ser tratado como uma caraterística adicional do sinal.

5.5. Resultados de medições selecionados

5.5.1. Assinaturas espectrais

Com os espectrómetros ópticos, é possível obter informações sobre o comprimento de onda do emissor e a largura do espetro de emissão. Consoante o tipo de detetor e de grelha de difração, os espectrómetros existentes no mercado distinguem-se por uma gama de medição que permite obter informações sobre o espetro num intervalo de 190 nm-2500 nm e uma resolução inferior a 1 nm. Isto é suficiente para determinar os parâmetros espectrais dos emissores ópticos pertencentes a diferentes forças militares. A medição dos parâmetros espectrais é possível com exposição direta ou por dispersão. Para cobrir toda a gama espetral, de 190 nm a 2500 nm, são necessários dois espectrómetros. Um deles deve estar equipado com um detetor de silício que cubra a gama espetral de 190 nm-1100 nm, e o segundo com um detetor de InGaAs que cubra a gama espetral de 900 nm-2500 nm [30].

Um diagrama do sistema de medição é apresentado em Figura . Os símbolos S1 e S2 representam sondas de medição. As suas formas, tecnologia e parâmetros de processo dependerão da solução adoptada pelo projetista.

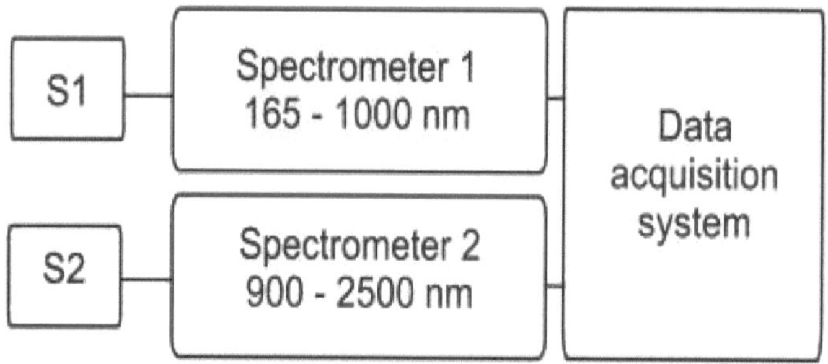

Esquema de um sistema de medição para a aquisição de assinaturas espectrais de emissores ópticos.

A figura apresenta, do lado esquerdo, um modelo medido do espetro de emissão de um telémetro binocular Geovid 8×56 HD-B da Leica [7], cuja fonte é um díodo que emite semicondutor radiação na gama espetral do infravermelho próximo.

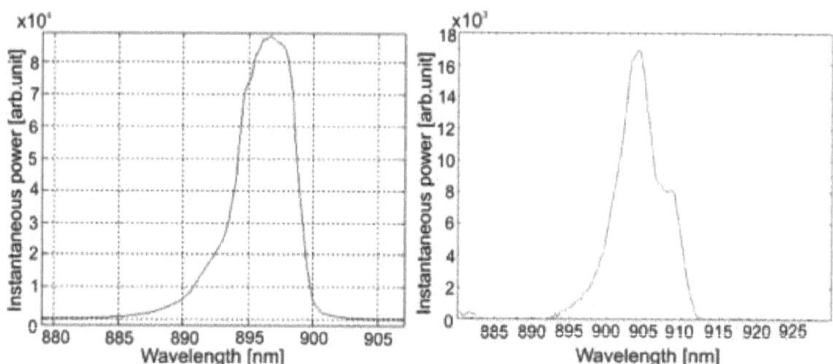

Espectro de emissão do telémetro binocular Geovid 8 × 56 HD-B (esquerda) e PLRF 10 (direita).

Aqui podemos ver a forma assimétrica caraterística do espetro, a sua largura e os seus máximos. O máximo de emissão do telémetro Geovid 8 × 56 HD-B situa-se num comprimento de onda próximo de 897 nm. A largura do espetro de emissão é de cerca de 5 nm. Ambos os espectros foram registados pelos autores do presente documento.

Outro exemplo é o espetro do telémetro binocular PRLF 10 da Vectronix [8], apresentado à direita na figura . Os testes espectrais da emissão do telémetro PLRF 10 revelaram que a forma e a largura do espetro variam de impulso para impulso. A sua largura FWHM oscilou de cerca de 6 nm para cerca de 8 nm. Uma análise aprofundada do espetro revela que o laser utilizado no telémetro gera emissões em duas linhas, cerca de 905 nm e 908 nm.

5.5.2. Assinaturas temporais

Um diagrama de um exemplo de sistema para medir os parâmetros temporais de emissores ópticos é apresentado em Figura . Os símbolos de D1 a D4 representam os detectores, que podem ser utilizados em qualquer configuração e número, consoante a aplicação. Para além dos detectores, outro elemento necessário em qualquer sistema de medição é o sistema de aquisição de dados. No caso mais simples, pode ser um osciloscópio digital ou um sistema eletrónico dedicado que assegure a aquisição de formas de onda temporais com precisão suficiente. Além disso, o formato utilizado para registar as alterações temporais deve permitir o seu processamento posterior.

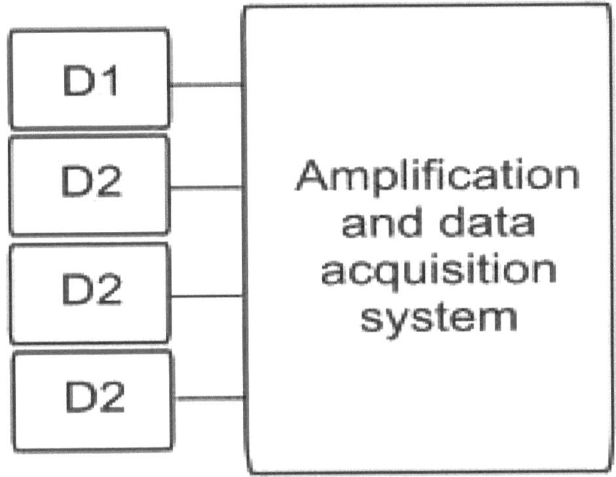

Diagrama de um sistema de medição e aquisição de dados temporais parâmetros das assinaturas ópticas.

A utilização de vários detectores do mesmo tipo, com sistemas electrónicos capazes de diferentes níveis de amplificação, garantirá a grande dinâmica necessária para medir os parâmetros temporais. Em alternativa, podem ser utilizados detectores individuais com amplificadores logarítmicos. A solução preferida pode ser escolhida após uma análise detalhada de todo o percurso eletrónico para diferentes tipos de detectores (largura de banda, relação sinal-ruído (SNR), sensibilidade, nível de radiação de fundo, etc.), emissores e condições em que as assinaturas serão adquiridas.

A título de exemplo dos parâmetros temporais de emissão adquiridos que constituem as assinaturas ópticas, serão apresentadas as caraterísticas de dois telémetros laser da Vectronix Inc. (PLRF 10 e Vetor IV), bem como do telémetro binocular Geovid 8 × 56 HD-B da Leica.

Para medir a distância, o primeiro telémetro emite 30 impulsos de radiação, cujas estruturas temporais são apresentadas na figura   . O primeiro impulso é uma série de sondagem com uma potência média de 5,5 W. Se não aparecer nenhum sinal de eco, o telémetro envia mais 23 impulsos com a mesma potência média. Se for detectado um sinal de eco, são emitidos mais 29 impulsos com uma potência média de 1 W. Neste último caso, a duração total da emissão é de 248 ms. Uma única rajada de impulsos laser tem uma duração que varia entre 6,83 ms e 7,89 ms, e o intervalo entre as rajadas varia entre 0,96 ms e 1,22 ms. Cada impulso inclui 104 a 120 impulsos com um intervalo de 65,5 µs (a frequência de repetição do impulso é de aproximadamente 15,3 kHz). A forma temporal de um único impulso gerado pelo telémetro PLRF 10 é apresentada na Figura (à direita). A forma é quase simétrica, com uma duração média de aproximadamente 56 ns (FWHM).

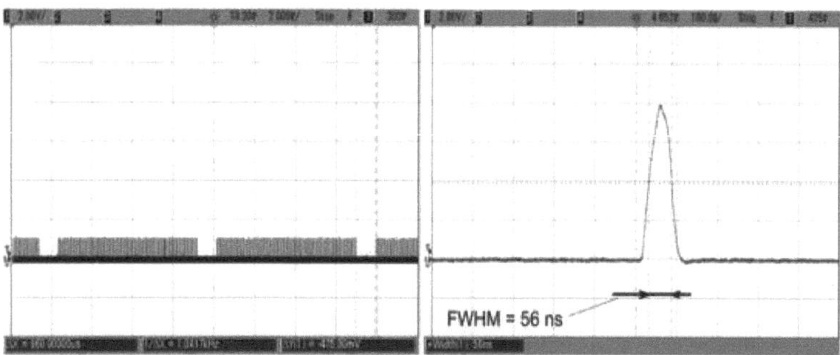

**Estrutura temporal das rajadas (esquerda) e forma temporal de um único laser
(direita) numa explosão emitida pelo telémetro PLRF 10.**

Para medir a distância com o telémetro Vetor IV, são emitidas 61 rajadas de impulsos. A potência média de um impulso laser é de 10 W. A duração total da emissão é de 980 ms. Uma única sequência de impulsos laser tem uma duração de cerca de 13,8 ms e o intervalo médio entre as sequências é de 2,2 ms. A estrutura temporal das rajadas de impulsos é apresentada no oscilograma à esquerda em Figura. Cada impulso inclui 130 a 133 impulsos espaçados a 104,0 µs (o que dá uma frequência de repetição de impulsos de 9,6 kHz). Um único impulso laser é assimétrico e irregular, típico de uma emissão da fonte do telémetro laser de junção múltipla de semicondutores. A duração média é de 102,5 ns (FWHM) e a forma temporal é apresentada na Figura (à direita).

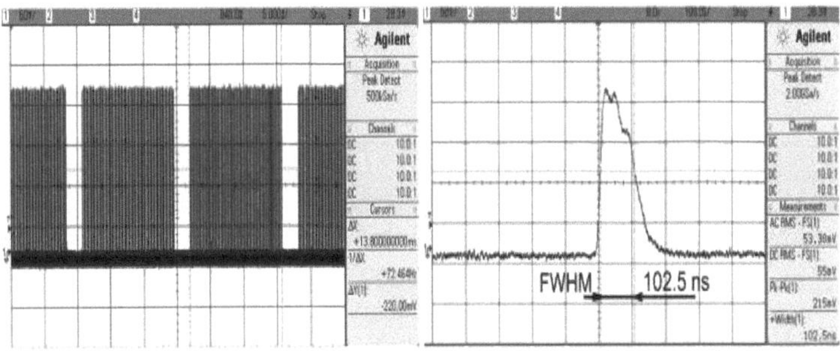

**Estrutura temporal das rajadas de impulsos (esquerda) e forma temporal de um único impulso
pulso laser (direita) emitido pelo telémetro Vetor IV.**

O último dos três dispositivos analisados, o telémetro binocular Geovid 8 × 56 HD-B da Leica, emite uma série de impulsos com uma duração total de 228,5 ms. Um único impulso tem uma duração de cerca de 1,16 ms e o intervalo entre impulsos é de 2,44 ms. Uma única rajada inclui 62 impulsos laser com uma duração média de 57 ns e uma frequência de repetição de 54 kHz. A figura apresenta a forma de onda temporal de uma emissão de radiação laser do telémetro binocular Geovid 8 × 56 HD-B.

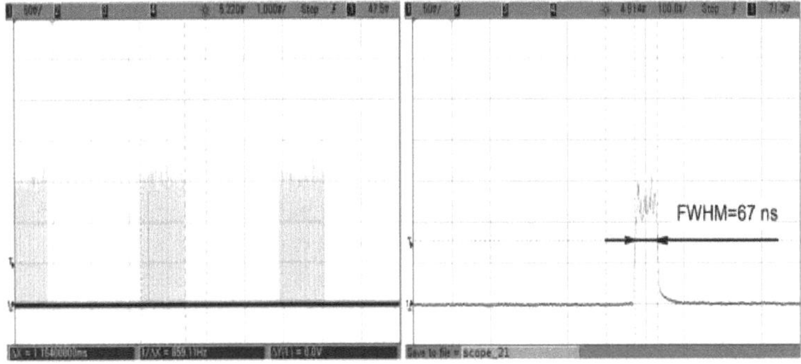

**Estrutura temporal das rajadas de impulsos (esquerda) e forma
temporal de um único impulso
pulso laser emitido pelo telémetro Geovid 8x56 HD-B.**

O quadro apresenta uma comparação sintética dos parâmetros
temporais que caracterizam as emissões dos três telémetros laser. É
evidente que o registo e a análise temporal dessas emissões permitem uma
identificação rápida e fiável do emissor-recetor.

Comparação de telémetros laser binoculares selecionados.

Parâmetro	PLRF10	Vetor IV	Geovid 8 × 56 HD-B
Comprimento de onda	905 nm (908 nm)	1550 nm	897 nm
Largura de linha	6-8 nm	-	5 nm
Duração total da emissão	248 ms	980 ms	228,5 ms
Pulsos	30	61	
Duração da explosão	6,83-7,89 ms	13,8 ms	1,16 ms
Intervalo de rajada	0,96-1,22 ms	2,2 ms	2,44 ms
Impulsos em rajada	104-120	132	62
Frequência de repetição de impulsos de rajada	15,3 kHz	9,6 kHz	54 kHz
Duração do impulso laser	56 ns	102,5 ns	57 ns

5.5.3. Assinaturas UV

Devido à atenuação atmosférica significativa dos sinais "cegos ao sol"
(<280 nm) e à consequente ausência de sinais de fontes naturais e de
radiação de fundo, cada emissão emergente significa que a sua fonte é
artificial. Cada deteção (especialmente se a emissão tiver algumas
caraterísticas distintivas) permitiria a identificação de uma ameaça
específica, por exemplo, o lançamento de uma granada anti-tanque. Para
obter um nível de certeza tão elevado, as caraterísticas de tal emissão - ou
seja, as assinaturas ópticas - têm de ser analisadas. Estas podem ser
entendidas, por exemplo, como cursos temporais de intensidade de
radiação que acompanham diferentes eventos que podem ocorrer no
campo de batalha contemporâneo, incluindo o lançamento de granadas de
fumo, a detonação de explosivos, a deflagração de incêndios e, sobretudo,

o lançamento de RPG, mísseis ou tiros de canhão. O conhecimento de tais assinaturas permitiria reconhecer, quase sem erros, os sinais de ameaças e (eliminando os falsos alarmes) adotar as contramedidas adequadas para neutralizar a ameaça ou minimizar os seus efeitos.

A figura apresenta exemplos de formas de onda temporais de emissões "cegas ao sol", correspondentes a diferentes eventos, registadas com o radiómetro UV desenvolvido no Instituto de Optoelectrónica da Universidade Militar de Tecnologia. As formas temporais das emissões e, sobretudo, os tempos caraterísticos relacionados que formam as assinaturas ópticas, permitem identificar diferentes eventos. Por exemplo, o lançamento do RPG é acompanhado por uma emissão UV com uma duração de 2-3 ms (FWHM). No caso da explosão de TNT, a duração é de cerca de 1,5 ms (FWHM), e o lançamento de um APFSDS ou de um projétil HE provoca uma emissão com uma duração de cerca de 37 ms (FWHM). Uma breve comparação dos tempos básicos típicos para a emissão que acompanha os eventos acima mencionados é apresentada no quadro , que inclui também dados temporais para uma explosão de RPG, que não são apresentados na figura .

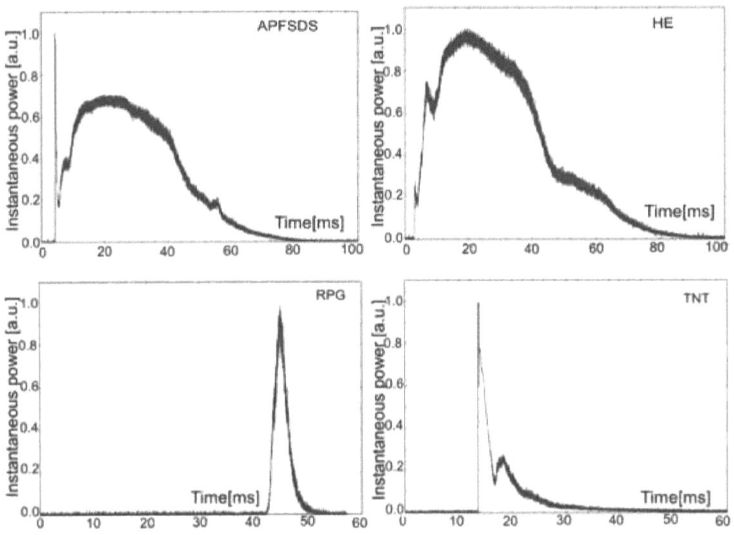

**Emissão "Solar-blind" que acompanha os acontecimentos que podem ocorrer no
campo de batalha: um lançamento APFSDS, lançamento HE,
Lançamento de RPG e explosão de TNT.**

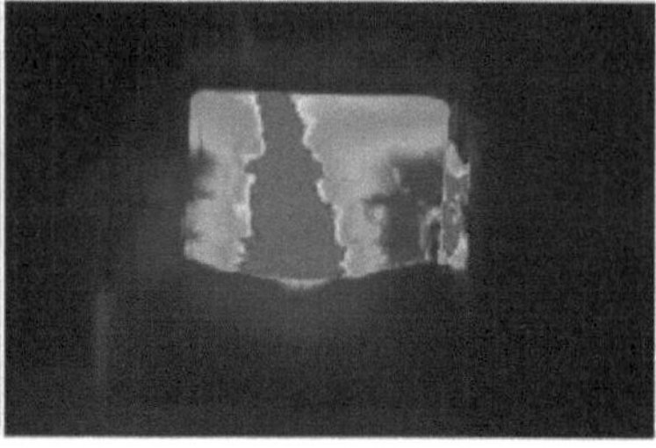

Imagem da chama na banda do visível (à esquerda) e imagem térmica (à direita). Fotografia e imagem térmica registadas pelos autores.

Comparação dos tempos caraterísticos da emissão de UV que acompanham diferentes eventos.

Parâmetro	Lançamento do RPG	Lançamento do APFSDS	Lançamento de projécteis HE	Explosão de TNT	Explosão de RPG
Duração da emissão (FWHM)	2,4 ms	37,6 ms	36,9 ms	1,5 ms	32,3 ms
Duração do pico (FWHM)	-	0,4 ms	-	-	0,1 ms
Duração das emissões (10%)	5,2 ms	58,3 ms	65,9 ms	8,2 ms	41,7 ms

5.5.4. Assinaturas térmicas

As assinaturas térmicas devem ser entendidas como a quantidade de energia emitida por um objeto aquecido em diferentes gamas de comprimento de onda. Não devem ser confundidas com a chamada imagem térmica, que envolve a integração da energia no espetro. Embora se obtenha a distribuição da temperatura no objeto, perde-se a informação sobre a distribuição espetral da energia, que é importante para o reconhecimento e a identificação. Esta distribuição é caraterística de cada objeto aquecido e é difícil de simular de forma artificial. O conhecimento de tais assinaturas térmicas permitiria a construção de cabeças autoguiadas de infravermelhos que fossem virtualmente insensíveis às contramedidas inimigas. Além disso, a simplicidade dos algoritmos de registo e de análise rápida permitiria uma identificação rápida e quase sem falhas dos objectos-alvo. A figura apresenta uma chama causada por uma explosão de combustível na banda visível (à esquerda) e a sua imagem térmica (à direita).

O método mais eficaz de aquisição de assinaturas térmicas é a observação de objectos em bandas espectrais estreitas e selecionadas, utilizando detectores únicos e rápidos. Isto pode ser conseguido num sistema com detectores sensíveis no MWIR, acoplados a filtros de interferência de banda estreita, como apresentado na figura . Utilizando, por exemplo, uma matriz linear ou 2D de detectores com filtros adequados, é possível registar o espetro com uma resolução definida pelo número e pelas caraterísticas espectrais dos filtros. Um componente essencial do sistema é o sistema de amplificação eletrónica e o módulo de aquisição de dados.

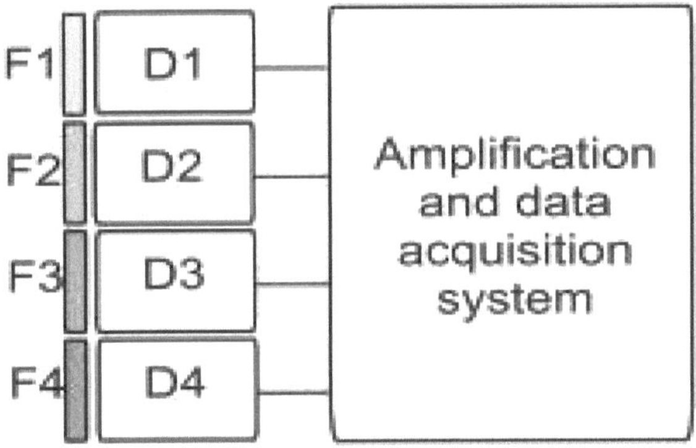

**Diagrama de um sistema de determinação da assinatura térmica:
F1, F2, F3 e F4 são filtros de interferência, D1, D2, D3 e D4 são
detectores.**

A figura apresenta um conceito para a aquisição das assinaturas MWIR, exemplificado por um espetro de chama provocado por uma explosão de combustível. À esquerda, pode ver-se a intensidade da radiação solar normalizada e a intensidade relativa da radiação gerada pela chama, com as bandas (destacadas a preto) onde os detectores equipados com filtros de interferência podem registar sinais.

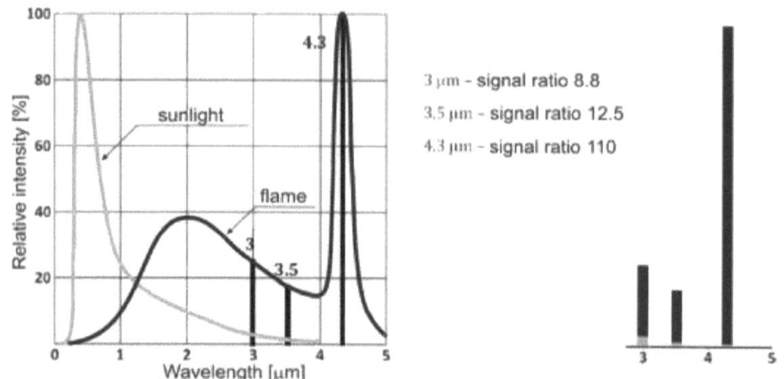

Conceito para a aquisição de assinaturas térmicas; à esquerda, intensidade normalizada da radiação solar e da chama em função do comprimento de onda; à direita, uma comparação das amplitudes do sinal em linhas selecionadas (cinzento: radiação solar, preto: chama).

Cada um dos três detectores regista a intensidade da radiação solar, gerando depois um sinal útil derivado da chama. A análise das relações entre os sinais permite identificar o objeto ou o acontecimento. A parte direita da figura apresenta os rácios das amplitudes dos sinais registados pelos detectores: 3 μm-3,5 μm, 3 μm-4,3 μm e 3,5 μm-4,3 μm. Cada objeto ou acontecimento tem a sua própria assinatura caraterística que pode ser utilizada para o reconhecimento precoce e a identificação/classificação. Existem muitos métodos de análise dos sinais. É importante que o método apresentado seja rápido e que o sistema de medição seja simples, o que consequentemente permite a análise em tempo real das assinaturas registadas. Isto é crucial em aplicações militares.

5.6.. Modelo da estrutura da base de dados do emissor

Um modelo de disposição e estrutura para uma base de dados de emissores optoelectrónicos é apresentado em Figura . A base de dados contém os valores médios, máximos e mínimos das muitas caraterísticas dos sinais adquiridos. Deve também incluir informações sobre diferentes estatísticas, uma vez que o processo de identificação (comparação do sinal recebido com os padrões da base de dados) envolve uma análise estatística. Já estão em curso trabalhos de adaptação de métodos de análise multicritério [31] para o processo de comparação, o que permitirá reduzir ao mínimo a probabilidade de identificação incorrecta da ameaça, mesmo que os sinais estejam muito perturbados.

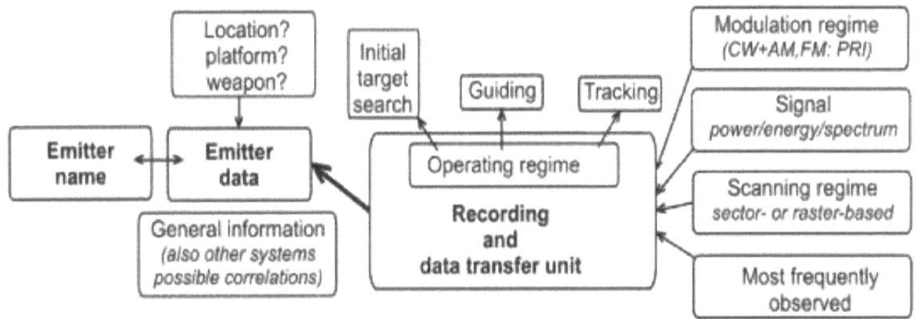

Modelo de base de dados de emissores optoelectrónicos.

A base de dados regista muitas informações diferentes sobre o emissor e, devido à sua complexidade, apenas os principais tipos são apresentados em Figura. A emissão em si é identificada, tal como o dispositivo emissor ou o sistema de que faz parte, complementada por informações técnicas das fichas técnicas ou das especificações do fabricante, o próprio fabricante, o país de origem, bem como qualquer relação com - e interação com - outros dispositivos ou sistemas (por exemplo, acoplamento a um radar de micro-ondas). Os campos e registos subsequentes devem incluir informações sobre se um determinado emissor é um componente de uma arma (por exemplo, sistema de orientação) e em que plataforma está instalado. As plataformas são divididas, em primeiro lugar, em plataformas terrestres, marítimas e aéreas e, em seguida, o sistema fornece uma especificação pormenorizada do possível objeto (por exemplo, um determinado tipo de aeronave ou navio). Do ponto de vista dos RWR e da segurança durante uma missão, é muito importante conhecer os países onde um determinado emissor é utilizado e em que ponto da Terra é mais frequentemente utilizado.

Para além dos valores dos diferentes parâmetros do sinal (feixe laser) caraterísticos de um determinado emissor, a base de dados deve conter informações codificadas sobre o seu modo de funcionamento. Neste caso, distinguem-se a procura inicial, o seguimento, a orientação e o varrimento (por exemplo, com base em secções, com base em rasterização). Além disso, a base de dados deve incluir eventos de funcionamento sem varrimento ou com um tipo de varrimento desconhecido, complementados por parâmetros de varrimento como a velocidade e o período de varrimento.

Os campos e registos relativos ao modo de funcionamento têm também os seus respectivos parâmetros de sinal que revelam se estamos perante uma emissão contínua (CW) ou pulsada. No primeiro caso, a base de dados regista os parâmetros relativos ao tipo de modulação - modulação de amplitude, modulação de frequência e modulação de fase - onde se distingue uma mudança contínua de fase de uma mudança de passo. No caso da modulação por impulsos, devido a várias alterações no intervalo de repetição de impulsos (PRI), pode haver: uma sequência fixa, uma sequência de escalonamento (com 2-8 valores) ou uma sequência de jitter.

A base de dados deve também conter diferentes parâmetros caraterísticos do próprio sinal. Neste caso, podem distinguir-se a amplitude do impulso (potência ou energia do sinal medido), o espetro (comprimento de onda do sinal medido) e a duração. Recomenda-se que se inclua a possibilidade de registar informações completas sobre diferentes fontes de perturbação e fenómenos/eventos que possam ocorrer no campo de batalha, ou seja, as assinaturas UV e IR acima referidas.

5.4.   Referências

[1].   Miller B, De Lia PJ. Electronic warfare. In: Ciência de acesso. McGraw-Hill .
    education. doi:10.1036/1097-8542.225900.
[2].   R.N. McDermott. As capacidades de guerra eletrónica da Rússia até 2025:
    O desafio da NATO no espetro eletromagnético. Relatório do
    Centro Internacional de Defesa e Segurança ou Ministério da Defesa e Segurança da Estónia
    defesa (2017). Acedido em 10 de fevereiro de 2020
[3].   P. Roell. Série de estratégias ISPSW: ênfase na defesa e na segurança internacional,
    a importância da guerra eletrónica num mundo perturbado (2018). Edição nº.
    562. https://www.ispsw.com/wp-content/uploads/2018/07/562,
    Acedido em 10 de fevereiro de 2020
[4].   C.R. Smith, R. Grasso, J. Pledger, N. Murarka. Tendências em electro-ótica
    guerra eletrónica. Proc SPIE, 8543 (2012).
[5].   G.M. Koretsky, J.F.Nicoll, M.S. Taylor. Um tutorial sobre electro-ótica/infravermelhos
    (EO/IR) e sistemas. Instituto de Análises de Defesa (2013). D-4642
    Acedido em 10 de fevereiro de 2020
[6].   M. David, D.M. Benton. Deteção de lasers de baixo custo. Opt Eng, 56 (2017),
    p. 14104, 10.1117/1.OE.56.11.114104

[7].   Sítio Web da Leica.
        https://uk.leica-camera.com/Sport-Optics/Hunting/Geovid/Geovid-Details,
        Acedido em 12 de fevereiro de 2020
[8].   Sítio   Web   da   Safran-Vectronix.   https://www.safran-veccom/product/vetor-iv/,
        Acedido em 12 de fevereiro de 2020
[9].   Sítio Web da Ocean Optics.
        http://oceanoptics.com/product/hr2000cg/, Acedido em 22 de
fevereiro de 2020.
[10]. Sítio Web da Ophir Photonics.
        https://www.ophiropt.com/laser--measurement/laser-power-FPD/FPS-1,
        Acedido em 22 de fevereiro de 2020
[11]. Norma Internacional IEC 60825-1. Segurança dos produtos laser,
Parte 1:
        classificação e requisitos do equipamento. 978-2-8322-1499-2
(2014)
[12]. C. Yang, Q. Zeng, D. Zhu, C. Gan. Estudo sobre a gama de
funcionamento da energia solar
        sistema cego de deteção de ultravioleta. Proc SPIE, 6829 (2008),
        p. 68291W, 10.1117/12.757710
[13]. H.W. Yates, J.H. Taylor. Infrared transmission of the atmosphere.
U. S.
        Laboratório de Investigação Naval (1960). Relatório 5453
        https://apps.dtic.mil/dtic/tr/fulltext/u2/240188.pdf, Acedido em 10
de fevereiro de 2020
        1960/
[14]. K.K. Hamamatsu Photonics, Divisão de Estado Sólido, Informação
Técnica SD-
        12, Caraterísticas e utilização de detectores de infravermelhos
(2004).

https://www.hamamatsu.com/resources/pdf/ssd/infrared_kird9001e.pdf,
        Acedido em 10 de fevereiro de 2020
[15]. W. Caywood, R. Rivello, L. Weckesser. Estruturas de mísseis
tácticos e
        tecnologia de materiais. J Hopkins Apl Tech D, 4 (1983), pp. 167-174.
        https://www.jhuapl.edu/Content/techdigest/pdf/V04-N03/04-03-pdf,
        Acedido em 11 de fevereiro de 2020

[16].   D.H. Titterton. Military laser technology and systems. Norwood Artech
        Casa, Londres (2015)
[17]. H. Kaushal, G. Kaddoum. Aplicações de lasers para fins militares tácticos
        operações. IEEE Access, 5 (2017), pp. 20736-20753,
        10.1109/ACCESS.2017.2755678
[18]. US army joint pub 3-09.1, joint tactics, techniques, and procedures for laser
        operações de designação (1999).

http://www.bits.de/NRANEU/others/jpdoctrine/jp3_09_1%2899%29.pdf
,
        Acedido em 10 de fevereiro de 2020
[19]. P.A. Forrester, P.A.K.F. Hulme Kf. Laser rangefinders. Opt Quant
        Electron, 13 (1981), pp. 259-293, 10.1007/BF00619793
[20]. A. Comerón, C. Muñoz-Porcar, F. Rocadenbosch, A. Rodríguez-
        Gómez, M. Sicard. Investigação atual em tecnologia lidar utilizada para o controlo remoto de
        deteção de aerossóis atmosféricos. Sensores, 17 (2017), p. 1450.
[21]. A.K. Jagodnicka, T. Stacewicz, G. Karasiński, M. Posyniak, S. Malinowski
        Recuperação da distribuição do tamanho das partículas a partir de sinais lidar de comprimentos de onda múltiplos
        aerossol de gotículas. Appl Optic, 48 (2009), pp. B8-B16,
        10.1364/AO.48.0000B8
[22]. K. Sassen. Identificação de aerossóis atmosféricos com lidar de polarização.
        Y. Kim, U. Platt (Eds.), Advanced environmental monitoring, Springer,
        Dordrecht (2008), pp. 136-142, 10.1007/978-1-4020-6364-0
[23].   E. Zanzottera. Técnicas lidar de absorção diferencial na determinação de
        poluentes vestigiais e parâmetros físicos da atmosfera. Crit Rev Anal
        Chem, 21 (2009), pp. 279-319, 10.1080/10408349008051632.
[24]. L. Palombi, D. Alderighi, G. Cecchi, V. Raimondi, G. Toci, D.
        Um sensor LIDAR de fluorescência para controlo remoto hiper-espetral com resolução temporal
        deteção e mapeamento. Optic Express, 21 (2012), pp. 14736-14746.
[25].   G.J. Koch, J.Y. Beyon, B.W. Barnes, M. Petros, J. Yu, F. Amzajerdian, et al.

Lidar Doppler de 2 µm de alta energia para medições de vento. Opt Eng,

(2007), Artigo 116201, 10.1117/1.2802584.

[26].   S. Veerabuthiran, A.K. Razdan. LIDAR para a deteção de substâncias químicas e

agentes de guerra biológica. Defence Sci J, 61 (2011), pp. 241-250.

[27]. D. De Luca, I. Delfino, M. Lepore. Normas e medições de segurança dos lasers

de parâmetros de perigo para lasers médicos. J Optic Appl, 2 (2012), pp. 80-86.

[28]. J. Alda Propagação e transformação de feixes laser e gaussianos.

E.G. Driggers (Ed.), Encyclopedia of optical engineering, Marcel Dekker,

Inc., Nova Iorque (2003), pp. 999-1013, 10.1081/E-EOE 120009751.

[29].   A.E. Siegman. Definição, medição e otimização da qualidade do feixe laser.

Proc SPIE, 1868 (1993), pp. 1-12

[30].   Sítio Web de Hamamatsu.

https://www.hamamatsu.com/eu/en/product/opsephotodiode/index.html,
Acedido em 25 de fevereiro de 2020

[31]. T. Temucin. Tomada de decisão multicritério: uma luz sobre a sua utilização em

processo de decisão militar. H. Tozan, M. Karatas (Eds.), Investigação operacional

para organizações militares, IGI Global, Hershey, PA (2019), pp. 155-184.

Capítulo (6)
Conclusões

Este livro apresenta uma breve descrição:

- optoelectrónica avançada atual e investigações recentes que estão integradas em sistemas de deteção inteligentes que estão a ser desenvolvidos para uma nova plataforma.
- novas aplicações optoelectrónicas integradas num sistema de deteção inteligente e não em monitores electrónicos ou fotodetectores gerais.
- O potencial da integração da optoelectrónica em sistemas de deteção inteligentes foi demonstrado por aplicações como os fotodetectores para biossensores, a visualização interactiva homem-máquina e a fototerapia.
- A utilização de um fotodetector como biossensor oferece enormes vantagens para a integração numa plataforma vestível e para a deteção imediata das caraterísticas ópticas do corpo.
- foram apresentados sensores optoelectrónicos selecionados para aplicações médicas.
- O primeiro grupo de sensores inclui: imagem endoscópica, sensor biliar, medidor de pH, sensores de oxigénio e dióxido de carbono, sensores cardíacos e de pressão.
- O objetivo é desenvolver dispositivos optoelectrónicos de infravermelhos ativamente sintonizáveis, incluindo LEDs e fotodetectores, à temperatura ambiente.
- Os dispositivos AVSO aqui desenvolvidos têm uma versatilidade sem precedentes e, por conseguinte, implicações importantes em domínios como as comunicações ópticas, a deteção química e a espetroscopia, em que é necessário um espetro sintonizável.
- plataforma optoelectrónica sintonizável, realizando a deteção multiplexada de gases com um único dispositivo.
- integração de dispositivos em substratos piezoeléctricos ou a utilização de sistemas micro-electromecânicos (MEMS).
- O reconhecimento e a contra-ação na banda ótica da gama de radiações electromagnéticas é um elemento importante da guerra eletrónica.
- deteção rápida da irradiância laser, análise e identificação da sua fonte - ou seja, o tipo de emissor (telémetro, iluminador, etc.).
- a guerra eletrónica foi considerada.
- cegar as cabeças optoelectrónicas (isto é, desencadear condições de saturação ou a destruição de detectores) utilizadas pelos sistemas

que seguem o ponto-alvo ou o traço térmico. Mesmo uma cegueira momentânea dessas cabeças faz com que o dispositivo de ataque perca o seu alvo e se torne inofensivo.

I want morebooks!

Buy your books fast and straightforward online - at one of world's fastest growing online book stores! Environmentally sound due to Print-on-Demand technologies.

Buy your books online at
www.morebooks.shop

Compre os seus livros mais rápido e diretamente na internet, em uma das livrarias on-line com o maior crescimento no mundo! Produção que protege o meio ambiente através das tecnologias de impressão sob demanda.

Compre os seus livros on-line em
www.morebooks.shop

info@omniscriptum.com
www.omniscriptum.com

Printed by Books on Demand GmbH, Norderstedt / Germany